中国清洁发展机制基金赠款项目

建筑行业温室气体
减排机会指南

＊

张建国◎著

Opportunities and Guidelines for Buildings to
Reduce Greenhouse Gas Emissions

中国经济出版社
CEPH
CHINA ECONOMIC PUBLISHING HOUSE

·北 京·

图书在版编目（CIP）数据

建筑行业温室气体减排机会指南／张建国著.
—北京：中国经济出版社，2019.11（2024.6 重印）
ISBN 978-7-5136-5354-1

Ⅰ.①建… Ⅱ.①张… Ⅲ.①建筑业—温室效应—有害气体—大气扩散—
污染防治—中国—指南 Ⅳ.①X511-62

中国版本图书馆 CIP 数据核字（2018）第 208539 号

责任编辑	姜　静　赵立颖	
助理编辑	汪银芳	
责任印制	马小宾	
封面设计	任燕飞设计工作室	

出版发行	中国经济出版社	
印 刷 者	三河市金兆印刷装订有限公司	
经 销 者	各地新华书店	
开　　本	710mm×1000mm　1/16	
印　　张	11.25	
字　　数	125 千字	
版　　次	2019 年 11 月第 1 版	
印　　次	2024 年 6 月第 2 次	
定　　价	68.00 元	

广告经营许可证　京西工商广字第 8179 号

中国经济出版社 网址 www.economyph.com **社址** 北京市东城区安定门外大街 58 号 **邮编** 100011
本版图书如存在印装质量问题，请与本社销售中心联系调换（联系电话：010-57512564）

前　言

　　近年来，我国二氧化碳排放总量持续增加，成为全球最大排放国，占全球排放量的30%左右，人均二氧化碳排放量超过了世界平均水平，甚至超过了欧盟平均水平。建筑行业是重要能源消耗和温室气体排放领域，随着我国城镇化进程的快速推进，与建筑相关的能耗和温室气体排放持续增加，2012年我国建筑建造、建筑运行使用过程中产生的二氧化碳排放量分别约占当年全国温室气体排放量的30%和15%。建筑行业的节能减排对我国应对气候变化、实现二氧化碳排放2030年左右达到峰值，并努力争取尽早达峰具有十分重要的作用。

　　国内外实践表明，通过先进的建筑设计、施工管理和技术进步可明显减少建筑能源资源消耗，通过既有建筑节能技术的整合、优化和新兴技术的应用可实现更好的节能建筑，从而避免"锁定"低能效建筑几十年。建筑行业相关单位采取节能措施在提高能效、实现节能和减少温室气体排放的同时，还可以带来诸多益处。例如，更清洁的空气、更加舒适的生活和工作环境、减少能源费用支出、提升房屋市场价值等。这些建筑行业温室气体减排的协同效益，也是这些单位开展建筑节能减排的内生动力之一。

　　目前，我国建筑行业重点排放单位温室气体减排仍面临一些问题，一是缺少明确的温室气体减排目标，减排动力不足；二是低碳技术仍处于发展和完善阶段，有的减排成本过高，推广困难；三是缺少能源管理和温室气体排放控制相关知识，对温室气体排放量计算、碳足迹相关方法学等不够熟悉；四是尚不具备自主提出本单位减排温室气体技术方案的能力，不能及时、准确地识别减排机会和减排潜力。

建筑行业涉及的利益相关方较多，本指南重点针对建筑建造和建筑运行使用的相关主体，给出了建筑行业重点排放单位温室气体排放量和减排量的核算方法、减排机会选择原则；重点分析了我国建筑行业能源消费和温室气体排放现状与发展趋势，梳理了我国建筑行业节能减排的主要政策措施及面临的困难；总结了国际上建筑行业温室气体减排经验及对我国的启示；识别了建筑行业温室气体减排机会，并详细分析了技术进步、用能结构优化、建设模式转变的具体减排机会；提出了针对性的减排政策措施建议，为实施建筑行业温室气体减排提供指导。

受国家发展和改革委员会原应对气候变化司的委托，并在中国清洁发展机制基金的资助下，国家发展和改革委员会能源研究所联合北京达华世纪低碳研究院于2014年7月至2018年6月实施了"重点温室气体排放企业减排机会指南研究"项目，完成了建筑、钢铁、水泥、电力四个行业的减排机会指南。本指南为《建筑行业温室气体减排机会指南》，共分为6章，由国家发展和改革委员会能源研究所张建国负责执笔完成，杨宏伟在讨论过程中给予技术指导。

在研究过程中，得到了国家发展和改革委员会原应对气候变化司、国家发展和改革委员会能源研究所、住房和城乡建设部科技发展促进中心、清华大学建筑节能研究中心、中国建筑科学研究院有限公司、深圳市建筑科学研究院有限公司等单位领导和相关专家的悉心指导和大力支持，在此表示衷心的感谢。

　　本指南内容仅代表课题组的观点，不反映所属机构和单位的立场。本指南若有疏漏和不当之处，敬请批评指正。

著者

2019 年 11 月

目　录

图目录

表目录

第1章

总　则

1.1 背景和意义

1.1.1 应对气候变化的国际形势

自 20 世纪 80 年代开始，全球应对气候变化日益被国际社会所关注。联合国在 1988 年成立了联合国政府间气候变化专门委员会（Intergovernmental Panel on Climate Change，IPCC），IPCC 组织了全世界数千名科学家就气候变化本身的科学问题、事实、形成的原因、产生的影响，以及应对气候变化的途径、成本及效果进行了系统评价并发布了多次评估报告。评估报告的基本结论代表了国际社会科学界普遍的共识和主流意见。IPCC 评估报告认为：①气候变化本身已经是不争的事实，通过大量观测和统计，20 世纪百年期间，全球地表的平均温度升高了 0.74℃。②气候变化形成的原因，基本认定是由人为活动引起的。人为活动主要是化石能源（煤炭、石油、天然气）消费过程中所排放的二氧化碳（CO_2），以及森林的砍伐、土地利用的变化所排放的二氧化碳和甲烷，还有工业生产过程当中的二氧化碳、甲烷、氧化亚氮和含氟气体等温室气体的排放，人为活动排放大量的温室气体引起大气中温室气体浓度的增加，二氧化碳的浓度由工业革命前的 280ppm 上升到当前的 384ppm，温室气体浓度的增加导致温室效应增强，从而引起气候的变暖。③全球气候变暖对自然生态和人类社会带来了越来越多的负面影响。全球气候变暖引起海水膨胀、海平面上升，自 20 世纪以来海平面已上升了 17 厘米，预计 21 世纪末还会再上升 20~60 厘米。同时，气候变暖还会引起生态环境的变化，从而导致一些物种的灭绝，以及引起农作物的减产等。④人类社会必须立即采取行动，应对全球气候变暖，防止气候变化带来不可逆转的灾难性的风险。迟缓的行动会使负面影响发生的概率越来越大，而且未来应对的成本和代价也会越来越高。基于上述结论，国际社会普遍认识到应加强全球合作，共同应对气候变化①。

为了应对气候变化给人类造成的影响，1992 年 5 月 22 日，联合国政府间气候委员会就气候变化问题达成了《联合国气候变化框架公约》。这是世界上第一个为控制二氧化碳等温室气体排放以应对全球气候变暖给人类社会和经济带来不利影响而成立的国际公约，也是国际社会就应对气候变化问题进行合作的基本框架。该公约提出了全球应对气候变化的目标和基本原则。其目标是要控制温室气体的排放，把大气中温室气体的浓度稳定在一个合理水平，防止粮食生产和自然生态系统受到破坏。原则主要有两个：一是共同但有区别的责任原则，由于发达国家历史上高的温室气体排放是导致当前气候变暖的主要原因，所以发达国家应率先采取行动，减少温室气体排放，并向发展中国家提供资金、转让技术，帮助发展中国家提高应对气候变化的能力；二是可持续发展原则，由于发展经济和消除贫困是发展中国家当前优先和压倒一切的首要任务，因此发展中国家应对气候变化应在可持续发展的框架下进行。《联合国气候变化框架公约》于 1994 年 3 月 21 日正式生效，以后每年召开一次缔约方大会，各国共同努力寻求应对气候变化的战略对策。

1997 年在日本京都召开的公约缔约方大会上通过了《京都议定

---

① 何建坤. 全球应对气候变化的形势及我国对策［Z］. 2014.

书》，标志着全球应对气候变化进入了一个实质性行动阶段。该协议为发达国家规定了 2008 年至 2012 年的第一个承诺期内量化的温室气体减排任务，即 2008—2012 年每年的温室气体排放量要比 1990 年至少减少 5%，并且把目标分解到了每一个发达国家。而对于发展中国家，协议没有规定公约之外更进一步的义务。

2007 年在印度尼西亚巴厘岛召开了第 13 次公约缔约方大会，面临 2008—2012 年第一个承诺期的到期，通过了《巴厘路线图》，启动了一个新的谈判进程，就 2012 年后全球应对气候变化如何进一步开展行动这一问题进行了谈判。随后，在哥本哈根、坎昆、德班、多哈、华沙、利马、巴黎等气候大会上，进行了多次谈判，达成新的共识。

在哥本哈根和坎昆的联合国气候变化大会所达成的协议中，都重申了将未来温升控制在 2℃ 的全球应对气候变化目标。目前，世界各国已经做出努力，但全球温室气体排放仍在不断增加。根据 IPCC 报告，2010 年全球温室气体排放总量达到 502 亿吨二氧化碳当量（CO_2e），相比 1970 年增长 75%，特别是自 2002 年起，排放总量呈加速增长态势，直到 2008 年才出现暂时的下降，这与全球经济发展状态高度契合；21 世纪最初 10 年，全球温室气体排放的年均增速（2.4%）和增量（超过 10 亿吨二氧化碳当量）都是前所未有的；1750 年以来大约一半的累积温室气体都是在最近 40 年排放的。[1] 全球减排的紧迫性日益加剧，如果全球不能实现 2℃ 的温控目标，世界的生态和人类生活的支撑条件将面临更大威胁。IPCC 第四次评估报告结果表明，要实现全球 2100 年 2℃ 的温升控制目标，全球的温室气体排放必须尽快达到峰值并开始大幅下降，到 2050 年至少比 1990 年减排 50%。这意味着将限制未来全球

---

[1] 朱松丽，高翔. 从哥本哈根到巴黎国际气候制度的变迁和发展 [M]. 北京：清华大学出版社，2017.

的碳排放空间。从目前到 2100 年，全球温室气体排放累计排放总量需控制在 1400 亿吨二氧化碳以内（包括全部排放源），可见从现在起全球温室气体排放总量增速必须明显减缓，并在 2020 年前后全球总量开始实现下降。

2015 年 12 月《联合国气候变化框架公约》第 21 次缔约方会议达成的《巴黎协定》，对 2020 年以后全球应对气候变化的总体机制做了制度性安排，并设定了全球应对气候变化的长期目标，再次确认了把全球平均气温升幅控制在工业化前水平 2℃ 以内的既定目标，并提出努力将气温升幅限制在工业化前水平 1.5℃ 之内的新目标。《巴黎协定》还提出，通过减少温室气体的人为排放及增加碳汇，来努力实现 21 世纪下半叶的碳中和。作为《巴黎协定》的重要组成部分，绝大多数国家提交了国家自主贡献目标（Intended Nationally Determined Contributions，INDC）。截至 2015 年 10 月，全球共有 119 份"国家自主贡献"文件提交联合国气候变化公约组织（United Nations Framework Convention on Climate Change，UNFCCC），覆盖了 146 个国家，这些国家的温室气体排放总量相当于 2012 年全球温室气体排放总量的 86% 左右。

从该公约开始起步的 1990 年至 2014 年，全球二氧化碳排放量增长了 130 亿吨。其中，我国二氧化碳排放量在 1990 年只占全球的 11.4%，到 2014 年已经增长到 30% 左右，增长了近 3.22 倍，远超全球 58% 的增幅；2014 年，美国和欧盟 28 个成员国的排放分别占总量的 15% 和 10%[①]。就人均二氧化碳排放量来看，2014 年，世界平均水平为 4.9 吨；美国的人均排放量依然高达 17 吨；我国的人均排放量达到 7.1 吨，首次超过欧盟水平（6.8 吨）。就排放趋势而言，按照各国已经承诺和

① 朱松丽，高翔. 从哥本哈根到巴黎国际气候制度的变迁和发展 [M]. 北京：清华大学出版社，2017.

提出的中长期减排目标，到 2020 年、2030 年，欧盟的人均温室气体排放量将分别降至 7.55 吨、6.44 吨二氧化碳当量；截至 2020 年，美国的人均温室气体排放量将降至 17.8 吨二氧化碳当量；截至 2050 年，包括美国在内的主要发达国家的人均排放量目标都在 2~3 吨二氧化碳当量①。而我国如果到 2030 年能源活动导致的温室气体排放达到 120 亿吨二氧化碳当量，其他排放维持 2012 年水平不变，则我国的人均温室气体排放将高达 10 吨二氧化碳当量，将明显高于欧盟的人均排放水平。可见，全球能否实现温室气体增量减缓，我国的影响至关重要，因此作为负责任的大国，我国必须走低碳发展的道路。

1.1.2　中国温室气体减排的战略目标

我国是拥有 13 多亿人口的发展中国家，也是遭受气候变化不利影响最为严重的国家之一。由于我国正处于工业化、城镇化快速发展阶段，面临着经济发展、民生改善、环境保护、应对气候变化等多重挑战，所以积极应对气候变化，努力控制温室气体排放，提高适应气候变化的能力，不仅是我国实现可持续发展的要求，也是深度参与全球自理、推动全人类共同发展的责任担当。

2015 年 6 月，我国向联合国气候变化框架公约秘书处提交了应对气候变化国家自主贡献文件——《强化应对气候变化行动——中国国家自主贡献》。该文件明确我国将坚持节约资源和保护环境基本国策，坚持减缓与适应气候变化并重，坚持科技创新、管理创新和体制机制创新，加快能源生产和消费革命，不断调整经济结构、优化能源结构、提高能源效率、增加森林碳汇，有效控制温室气体排放，努力走一条符合

---

① 朱松丽，高翔. 从哥本哈根到巴黎国际气候制度的变迁和发展 [M]. 北京：清华大学出版社，2017.

我国国情的经济发展、社会进步与应对气候变化多赢的可持续发展之路。该文件提出了我国到 2030 年的自主行动目标，即二氧化碳排放在 2030 年左右达到峰值并努力争取尽早达峰；单位国内生产总值二氧化碳排放比 2005 年下降 60%~65%，非化石能源占一次能源消费比重达到 20% 左右，森林蓄积量比 2005 年增加 45 亿立方米左右。这是我国作为公约缔约方承诺的应对气候变化的积极行动，同时也是我国政府向国际社会彰显走以增长转型、能源生产和消费转型为特征的绿色、低碳、循环发展道路的决心。

为了加快推进绿色低碳发展，推动我国二氧化碳排放在 2030 年左右达到峰值并争取尽早达峰，2016 年 11 月我国发布了《"十三五"控制温室气体排放工作方案》。该方案提出了我国"十三五"时期控制温室气体排放工作的主要目标：到 2020 年，单位国内生产总值二氧化碳排放比 2015 年下降 18%，碳排放总量得到有效控制；氢氟碳化物、甲烷、氧化亚氮、全氟化碳、六氟化硫等非二氧化碳温室气体控排力度进一步加大；碳汇能力显著增强；支持优化开发区域碳排放率先达到峰值，力争部分重化工业在 2020 年左右实现率先达峰，能源体系、产业体系和消费领域低碳转型取得积极成效；全国碳排放权交易市场启动运行，应对气候变化法律法规和标准体系初步建立，统计核算、评价考核和责任追究制度得到健全，低碳试点示范不断深化，减污减碳协同作用进一步加强，公众低碳意识明显提升。该方案还对低碳引领能源革命、打造低碳产业体系、推动城镇化低碳发展、加快区域低碳发展、建设和运行全国碳排放权交易市场、加强低碳科技创新、强化基础能力支撑、广泛开展国际合作、强化保障落实等具体任务进行了部署。其中，强调要加强能源碳排放指标控制，实施能源消费总量和强度"双控"，到 2020 年，能源消费总量控制在 50 亿吨标准煤以内，单位国内生产总值能源消费比 2015 年下降 15%，非化石能源比重达到 15%；强调推动工业、建筑、交通、公共机构等重点领域节能降耗。

1.1.3　建筑行业在温室气体减排中的地位

建筑部门是重要的能源消费和温室气体排放部门。根据国际能源署（IEA）的估算，目前，全球建筑运行和建筑建造的能耗占世界终端能源消费量的 36%，二氧化碳排放量（包括直接排放和间接排放）约占全球二氧化碳排放量的 40%。我国是全球最大的能源消费国，也是全球最大的二氧化碳排放国。IEA 研究报告显示，就建筑运行阶段而言，2012 年我国建筑能耗约占全球建筑终端能源消费总量（118 艾焦或 40.12 亿吨标准煤）的 16%，位居世界第二，仅次于美国；2012 年，我国建筑部门二氧化碳排放量占全球建筑部门二氧化碳排放总量的比例超过了 18%[①]。另据清华大学建筑节能研究中心的测算，2016 年我国建筑运行的化石能源消费相关的碳排放为 20.3 亿吨二氧化碳，人均建筑运行碳排放量为 1.5 吨/人，占人均总碳排放量（全国平均约 8 吨/人）的 18.7%[②]。

我国正处于城镇化快速发展阶段，建筑部门能耗和温室气体排放呈现快速增长态势。2001—2016 年，我国建筑部门的一次能源消费量、电力消费量分别约增长了 1.4 倍、3.7 倍，2016 年我国建筑能耗约占全国一次能源消费量的 20%。自 2000 年至 2012 年，我国建筑部门终端用能的直接二氧化碳排放增长了 55%，而来自电力和热力消费的间接二氧化碳排放增长了两倍多，建筑部门二氧化碳排放总量由 2000 年的约

---

① IEA，Tsinghua University. Building Energy Use in China：Transforming Construction and Influencing Consumption to 2050. OECD/IEA，Paris，2015.

② 清华大学建筑节能研究中心. 中国建筑节能年度发展研究报告 2018［M］. 北京：中国建筑工业出版社，2018.

620MtCO$_2$增长到 2012 年的约 1550MtCO$_2$[①]。2012 年我国的温室气体排放量约为 104.71 亿吨二氧化碳当量[②]，可见建筑部门的二氧化碳排放量约占全国温室气体排放量的 15%。除了商品能源外，建筑部门尤其是农村地区还消耗大量的生物质能。随着人民生活水平的提高，生物质能不断被商品能源所取代，从而加剧了建筑部门能源消费和二氧化碳排放的增加。

上述建筑部门的二氧化碳排放仅为建筑运行使用阶段能源消耗产生的排放，而建筑的建造还需要消耗大量的钢材、水泥、玻璃等高耗能产品，生产这些建材产品需要消耗大量能源并产生大量温室气体排放。据有关研究测算，2011 年全国房屋建造消耗的钢材和水泥分别为 3.98 亿吨和 17.06 亿吨，仅这些钢材和水泥的生产能耗就占当年全国能耗总量的 12%[③]。可见，建筑行业节能减排对全国节能减排具有重要影响。

1.1.4 建筑行业用能单位温室气体减排存在的主要问题

建筑行业是一个围绕建筑的设计、施工、装修、管理而展开的行业。建筑的开发建设涉及诸多环节的相关利益主体，包括政府、建设单位（房地产开发商，或者投资方、发包方、业主）、规划设计单位、施工单位、监理单位、材料设备供应商、咨询单位、消费者、物业管理单位、银行等。其中，建设、规划设计、施工、监理这四方单位最直接地参与建筑工程项目的建设。建筑按用途不同可以分成居住建筑、公共建筑、工业建筑、农业建筑等。居住建筑主要是指人们进行家庭和集体生

---

① IEA, Tsinghua University. Building Energy Use in China: Transforming Construction and Influencing Consumption to 2050. OECD/IEA, Paris, 2015.

② 朱松丽，高翔. 从哥本哈根到巴黎国际气候制度的变迁和发展 [M]. 北京：清华大学出版社，2017.

③ 彭琛. 基于总量控制的中国建筑节能路径研究 [D]. 清华大学，2014.

活起居用的建筑物，如住宅、宿舍、公寓等；公共建筑指提供各种社会活动的建筑物，包括办公建筑、医院、学校、商业、酒店等建筑物；工业建筑指为各类生产服务的建筑，如生产车间、仓储建筑等；农业建筑指用于农业、牧业生产和加工的建筑，如温室、畜禽饲养场、农机修理站等。为了简化起见，本指南重点针对建筑的开发建造和建筑使用相关主体进行研究，其中以房地产开发企业、公共建筑使用单位、居住建筑用户为重点对象。

目前，我国建筑行业用能单位温室气体减排还面临一些问题：一是用能单位缺少明确的温室气体减排目标，减排动力不足。二是一些低碳技术仍处于发展和完善阶段，有的减排成本过高，推广困难。三是我国用能单位与发达国家的建筑用能单位在技术能力、管理水平上差距较大，减排的能力较弱。四是用能单位温室气体减排投入不足，创新能力较差。五是用能单位缺少能源管理和温室气体排放控制相关专业知识，对温室气体排放量计算、产品碳足迹的相关方法学等不够熟悉。六是用能单位尚不具备自主提出本单位温室气体减排技术方案的能力，不能及时、准确地识别减排机会和估算减排潜力。

1.2 方法和结构

本指南希望通过分析建筑行业能源消耗和温室气体排放现状、发展趋势，主要寻找建筑开发建设和建筑使用环节相关主体减少温室气体排放的机会和潜力，重点解决建筑开发和建筑使用相关单位不知如何计算温室气体排放量和减排量、不能识别温室气体减排机会、不知采用何种技术和手段实现温室气体减排问题，为我国建筑行业重点温室气体排放单位减少温室气体排放提供支持和指导。

本指南研究了建筑行业重点排放单位温室气体减排评估方法。通过分析建筑全生命周期各阶段碳排放的来源，给出了建筑全生命周期的碳排放计算方法；以公共建筑运营单位（企业）为例，详细说明了建筑行业重点排放单位实施减排机会（项目）后的减排量核算方法；提出了建筑行业减排机会选择原则、评估方法及可供参考的遴选减排技术机会的综合评价指标体系。

本指南详细分析了我国建筑行业能源消费和温室气体排放的现状及特点，识别了影响建筑行业温室气体排放的主要因素，展望了我国建筑行业能源消费和温室气体排放发展趋势，梳理了我国建筑行业节能减排的主要政策措施，明确了"十三五"时期建筑节能减排的主要目标，并分析了我国建筑行业温室气体减排的工作基础和面临的主要困难，凸显建筑行业温室气体减排的重要性和紧迫性，有助于重点温室气体排放单位认清减排的机遇和责任。

本指南阐述了欧盟和美国针对建筑节能减排实施的政策措施，总结了 G20 成员促进建筑节能减排的经验，介绍了国际能源署以及全球环境基金、联合国等国际组织对提高建筑能效、促进建筑节能减排的政策经验，并分析了国际经验对我国的启示。国际实践经验给我国建筑行业温室气体减排提供了较好的借鉴。

本指南重点分析了建筑行业温室气体减排机会，为我国建筑行业重点温室气体排放单位如何识别和实施减排机会提供了有力支持。建筑行业温室气体减排重点关注建筑建造和建筑运行使用阶段，根据其温室气体排放的影响因素，识别出建筑行业温室气体减排路径，提出建筑技术进步、用能结构优化及建设模式转变三种类型的减排机会，并对各减排机会的技术特点、经济性、发展潜力及如何实施等进行了具体分析。

本指南还提出了我国建筑行业温室气体减排的政策建议。主要针对国家及建筑行业温室气体减排的相关实施主体提出对策措施，以便克服我国建筑行业温室气体减排面临的障碍，促进建筑行业温室气体减排机会的有效实施。

此外，本指南在附录中提供了建筑行业温室气体减排机会记录、中国建筑行业节能低碳重点技术展望，供建筑行业相关单位实施减排机会参考。

本指南的研究框架如图 1-1 所示。

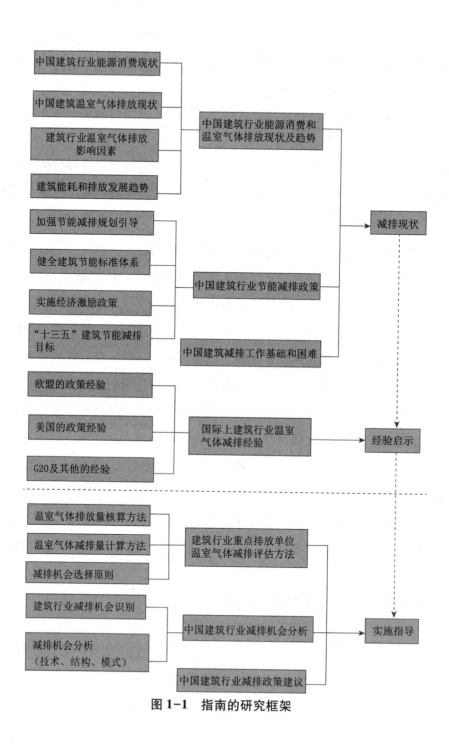

图1-1　指南的研究框架

第2章

建筑行业重点排放单位温室气体减排评估方法

建筑行业温室气体排放以二氧化碳当量表示。本章通过分析建筑全寿命期各阶段碳排放的来源，给出了建筑全寿命期各阶段及汇总的碳排放计算方法，并把单位建筑面积的年碳排放量作为核算建筑全寿命期碳排放的功能单位；以公共建筑运营单位（企业）为例，详细说明了建筑行业重点排放单位实施减排机会（项目）后的减排量核算方法；提出了建筑行业减排机会选择原则、评估方法及可供参考的遴选减排技术机会的综合评价指标体系。

2.1 温室气体排放量核算方法

温室气体是指在大气层中吸收和重新放出红外辐射的自然和人为的气态成分。本指南的温室气体是指《京都议定书》附件 A 所规定的六种温室气体，分别为二氧化碳(CO_2)、甲烷(CH_4)、氧化亚氮(N_2O)、氢氟碳化物($HFCs$)、全氟碳化物($PFCs$)和六氟化硫(SF_6)。在核算温室气体排放时，通常以产生的二氧化碳量来衡量，即核算碳排放，其他如氧化亚氮、六氟化硫等不含碳的物质，也根据其二氧化碳特征当量因子将其视为"碳排放"。碳排放可以作为关于温室气体排放的一个总称或简称。IPCC 以二氧化碳气体的全球变暖潜能值（Global Warming Potential, GWP）为基准，将其他气体的 GWP 折算为二氧化碳当量(CO_2e)来衡量。

建筑建造、使用和拆除过程中对能源和资源的消耗及固定废弃物的处理都会产生温室气体排放，核算建筑碳排放（建筑全寿命期内产生的温室气体排放的总和，以二氧化碳当量表示，通常以单栋建筑或建筑群为计算对象）需要先把建筑产品全寿命期看成一个系统，再进一步核算该系统由于消耗能源、资源向外界环境排放的总二氧化碳当量。建筑寿命期系统边界内部应包含形成建筑实体和功能的一系列中间产品和单元过程流组成的集合，包括建筑材料生产和构配件加工、运输、施工与安装、使用期建筑物运营与维护、循环利用、拆除与处置。具体而言，建筑物碳排放来源于物化阶段、运营维护阶段及拆除处置阶段，如表2-1所示[①]，计算范围就界定在与建筑物建材生产与运输、建造与拆除、建筑物使用等活动相关的温室气体排放。

表2-1　建筑全寿命期各阶段碳排放来源

物化阶段		运营维护阶段	拆除处置阶段	
建材生产	施工阶段		拆除阶段	处置阶段
二氧化碳、甲烷、氧化亚氮、氢氟碳化物、全氟化碳、六氟化硫				
建筑材料及构配件在生产、制造、加工、搬运过程中产生的排放	施工机械在场地内的移动、使用、维护中产生的排放；生产施工辅助措施能耗产生的排放	为建筑内使用者提供采暖、空调、照明、热水等各种服务消耗能源以及修缮时产生的排放	拆除活动中由于爆破和使用施工设备所产生的排放	对建筑拆除后的建筑废弃物进行处置所产生的排放

物化阶段的碳排放为建筑物建成前所有单元过程产生的碳排放。运营维护阶段的碳排放主要是实现建筑功能所需的采暖、空调、照明、热

---

① 中国建筑科学研究院，加拿大木业协会．天津悦海酒店公寓木结构与混凝土结构建筑对比研究报告［R］．2014．

水等所消耗能源产生的排放，包括直接温室气体排放和消耗电力、热力所产生的间接温室气体排放。拆除处置阶段的碳排放主要包括拆除活动或废弃物运输处置过程中产生的碳排放。

除了明确核算范围外，还需要明确功能单位。由于建筑物规模、功能不同，物化阶段材料、机械使用量相差很大，导致碳排放差别较大。同时，使用阶段持续时间在建筑寿命期中占绝对主导地位，评价年限对评价结果影响很大，若仅核算建筑物总的碳排放量缺乏可比性，需要建立一个横向可比较的评价。采用每年每平方米建筑面积的碳排放作为评价指标可以解决该问题，使评价结果具有可比性，因此把单位建筑面积的年碳排放量作为核算建筑寿命期碳排放的功能单位。此外，若实施了利用可再生能源、绿色植被、建材回收利用等对环境有正效益的措施，那么在核算碳排放时还应扣减相应的碳排放。

2.1.1 建材碳排放核算方法

建材的碳排放量由建材生产阶段、运输阶段、拆除处置阶段的碳排放量构成，具体计算公式如下：

$$M = M_1 + M_2 + M_3 \tag{2-1}$$

式中：M_1为建材生产阶段的碳排放量，主要包括原材料的开采、运输和加工制造过程造成的碳排放；M_2为运输阶段的排放量，主要为将建材从工厂运输至施工现场产生的碳排放；M_3为拆除处置阶段的碳排放量，主要为将建材从建筑现场运输至拆除处置场地造成的碳排放。

建材生产阶段的碳排放M_1与建材使用量及建材生产阶段的CO_2排放系数相关。

$$M_1 = Q_M \times C_{M1} \tag{2-2}$$

式中：Q_M为建材使用量，单位为吨（t）；C_{M1}为建材生产阶段的

CO_2 排放系数，单位为吨/吨（t/t）。

建材要区分不可回收利用、可再循环或可再利用两大类。不可回收利用的建材主要是以水泥、石灰为原料的材料、制品和部分填充用的砌块，一般占钢筋混凝土结构建筑建材总量的85%以上；可再循环或可再利用的建材包括钢材、铝材等。建材若为新生的建材，则可按生产阶段的碳排放系数 C_{M1} 计算；若为回收后再利用的建材，则需根据建材的实际生产情况，考虑回收再利用带来的碳减排收益，折算其生产阶段的碳排放系数 C_{M1}。

建材运输阶段的碳排放 M_2 可按下式计算：

$$M_2 = （1+\phi）\times Q_M \times C_{M2} = （1+\phi）\times Q_M \times L \times P \times C_P \qquad (2-3)$$

式中：ϕ 为因运输造成的损耗系数；Q_M 为建材使用量，单位为吨（t）；C_{M2} 为建材生产阶段的碳排放系数，单位为吨/吨（t/t）；L 为建材从工厂至施工现场的运输距离，单位为千米（km）；P 为运输单位建材至单位距离的能耗，单位为千焦/（千米·吨）[kJ/（km·t）]；C_P 为运输过程中相应能源的碳排放系数，单位为千克/千焦（kg/kJ）。

各类建材的运输距离应根据工程实际情况进行统计，国内常用建材的平均运输距离如表 2-2 所示；国内常用运输方式的平均单位运输能耗 P 如表 2-3 所示[①]。常用燃料的二氧化碳排放系数 C_P 可由该燃料品种的单位热值含碳量与碳氧化率及 44/12（二氧化碳与碳的分子量之比）相乘得到。单位热值含碳量推荐采用单位统计数据，缺省值可参考表 2-4 的相关参数缺省值。此外，柴油、汽油、燃料油、一般煤油的燃油密度缺省值分别为 0.86、0.73、0.92、0.82 [吨/标准立方米（t/Nm³）][②]。

---

① 中国建筑科学研究院，加拿大木业协会. 天津悦海酒店公寓木结构与混凝土结构建筑对比研究报告 [R]. 2014.
② 国家统计局能源司. 能源统计工作手册 [Z]. 2010.

表2-2　常用建材的国内平均运输距离

建材	运输距离（km）	建材	运输距离（km）
砂石	200	玻璃	100
水泥	100	涂料	80
钢材	125	陶瓷	105
墙材	60	非金属矿物	50

表2-3　常用运输方式的国内平均单位运输能耗

运输方式	吨/公里能耗 [kJ/(km·t)]
公路运输（汽油）	2710
公路运输（柴油）	2320
铁路运输	164
内陆运输	234
海运	129

注：各类运输方式中所消耗的具体能源品种应根据实际情况确定，并按实际能源品种对应的碳排放系数计算碳排放量。另外，内陆水运和海运多数为燃油内燃机驱动，内陆水运多使用柴油，远洋海运一般使用重油。

表2-4　中国化石燃料相关参数缺省值

燃料品种	单位热值含碳量（tC/GJ）	低位热值（GJ/t 或 GJ/万 Nm³）	氧化率（%）
天然气	$15.3×10^{-3}$	389.3	99
焦炉煤气	$13.6×10^{-3}$	173.5	99
管道煤气	$12.2×10^{-3}$	158.0	99
柴油	$20.2×10^{-3}$	43.3	98
汽油	$18.9×10^{-3}$	44.8	98
燃料油	$21.1×10^{-3}$	40.2	98
一般煤油	$19.6×10^{-3}$	44.8	98
无烟煤	$27.5×10^{-3}$	23.2	89.5
烟煤	$26.1×10^{-3}$	22.4	83.6
褐煤	$28.0×10^{-3}$	14.1	83.6

燃料品种	单位热值含碳量（tC/GJ）	低位热值（GJ/t 或 GJ/万 Nm³）	氧化率（%）
液化石油气	$17.2×10^{-3}$	47.3	98
液化天然气	$17.2×10^{-3}$	41.9	98

资料来源：《省级温室气体清单编制指南》（国家发展和改革委员会应对气候变化司，2011）、《中国温室气体清单研究》（国家气候变化对策协调小组办公室、国家发展和改革委员会能源研究所，2007）

拆除处置阶段的碳排放 M_3 可按下式计算：

$$M_3 = Q_s × C_{M3} \qquad (2-4)$$

式中：Q_s 为建材处置量，单位为 t；C_{M3} 为建材处置阶段的碳排放系数，单位为 t/t，计算方法与 C_{M2} 类似。

2.1.2　建筑物物化阶段的碳排放核算方法

建筑物物化阶段的碳排放即为建筑物建成前所有单元过程产生的碳排放，包括建材生产和建筑物建造过程。

建筑物建造过程的碳排放计算可根据实际工程的分部工程进行计算和汇总得到，如基础工程、装修工程、结构工程、安装工程、场内运输、施工临设等分部工程。每个分部工程的工程量与该分部工程对应的单位工程量能耗系数及分部工程的综合调整系数相乘即可得到该分部工程的碳排放量。

为了简化起见，可根据建筑物的建材消耗量和单位建材生产的 CO_2 排放因子，计算得到建材生产过程中的碳排放量，建材至少包括主体结构材料、围护结构材料、粗装修用材料，如水泥、混凝土、钢材、墙体材料、保温材料、玻璃、铝型材、瓷砖、石材等，再加上建造过程的碳排放量就能得到建筑物物化阶段总的碳排放量。建材生产过程中的排放包括消耗能源产生的排放和原料化学反应产生的直接排放两部分。由于

水泥生产过程中原料化学反应产生的直接排放远大于其他建材，因此为
了简化起见可仅考虑水泥的直接排放。根据文献研究，主要建材生产阶
段 CO_2 排放因子如表 2-5 所示[1]。将建材生产耗能排放、水泥生产直接
排放与建造施工阶段排放量相加，就可得到建筑物建造阶段的碳排
放量。

表 2-5　主要建材生产阶段 CO_2 排放因子

建材名称	耗能排放（tCO_2/t）	生产直接排放（tCO_2/t）
钢铁	1.23	—
水泥	0.35	0.38
铝材	24.6	—

2.1.3　建筑运营维护阶段的碳排放计算

建筑运行使用过程的碳排放包括直接碳排放和间接碳排放，即为建
筑内使用者提供采暖、空调、通风、照明、热水等各种服务所消耗能源
产生的直接碳排放和所消耗电力、热力所产生的间接碳排放。对于建筑
运行使用阶段的碳排放量可按式（2-5）计算：

$$M = W \times C_P \tag{2-5}$$

式中：M 为建筑运行阶段的碳排放量；W 为建筑运行能耗；C_P 为
建筑运行所消耗能源对应的碳排放系数，单位为 kg/kJ。常用能源的碳
排放系数 C_P 可参考表 2-4 计算得到。由于不同能源品种对应的碳排放
系数不同，所以建筑运行能耗应区分不同能源种类，在计算碳排放时应
先分别计算每种能源消耗对应的碳排放，再进行加权汇总得到建筑运行
总能耗对应的碳排放。

---

[1]　中国尽早实现二氧化碳排放峰值的实施路径研究课题组编. 中国碳排放尽早达峰 [M].
北京：中国经济出版社，2017.

2.1.4　建筑物全寿命期内的碳排放计算

将上述建筑物化、运营维护、拆除处置阶段的碳排放分别进行计算再进行汇总，即可得到建筑全生命周期的碳排放。计算公式如下：

$$GWI = \sum_{j=1}^{3} \sum_{i} W_{ij} \times GWP_i \qquad (2-6)$$

式中：GWI 为建筑物全寿命期碳排放，单位为千克二氧化碳（kg-CO_2）；W_{ij} 为建筑物全寿命期内第 j 阶段（$j=1$，2，3 分别为物化、使用和拆除处置阶段）所产生的第 i 种温室气体的质量，单位为千克（kg）；GWP_i 为第 i 种温室气体的全球变暖影响潜能值，单位为千克二氧化碳/千克（$kgCO_2/kg$）温室气体；i 为温室气体的种类代号。

温室气体的当量因子潜能值如表 2-6 所示[1]。

表 2-6　温室气体的当量因子潜能值

物质	全球变暖（CO_2e）（$kgCO_2/kg$）		
	20 年	100 年	500 年
二氧化碳	1	1	1
甲烷	72	25	7.6
氧化亚氮	289	298	153
氢氟碳化物（HFC-134a）	3830	1430	435
全氟化碳（PFC-116）	8630	12200	1820
六氟化硫	16300	22800	32600

---

[1]　尚春静，张智慧. 建筑生命周期碳排放核算 [J]. 工程管理学报，2010，24（1）.

2.2　温室气体减排量计算方法

计算用能单位（企业）减排机会（项目）温室气体减排量最常用的方法是排放因子估算法，即用能单位（企业）的单位活动水平数据乘以排放因子得出对应的排放量，实施减排机会（项目）前后的排放量之差即为减排机会（项目）的温室气体减排量。

用能单位（企业）的温室气体排放核算通常包括以下步骤：①确定核算边界；②识别排放源；③收集活动水平数据；④选择和获取排放因子数据；⑤分别计算化石燃料燃烧排放、净购入使用的电力和热力对应的排放；⑥汇总用能单位（企业）的温室气体排放量。

本指南以公共建筑运营单位（企业）为例进行说明。

2.2.1　核算边界和排放源

公共建筑运营单位（企业）一般是指公共建筑的产权所有者（建筑物的业主），或者产权所有者的代理人，如物业公司或代理经营公司。

核算边界为公共建筑运营单位边界内的公共建筑运营过程中所产生的温室气体排放，不包括公共建筑运营单位（企业）在边界范围外的排放，如公共建筑边界外企业生产活动的排放等。

对于公共建筑的运营排放，按照排放源类型，分为直接排放和间接排放。直接排放是指化石燃料燃烧产生的 CO_2 排放等，是由公共建筑的使用单位（企业）自身拥有或控制的排放源所产生的排放；间接排放是指公共建筑的使用单位（企业）外购的电力和热力等引起的排放，此时实际的排放源是电力和热力的生产企业。

对于某一具体公共建筑的运营过程，CO_2 排放源主要来自以下几个方面：

（1）固定燃烧源燃烧化石燃料产生的排放，如锅炉、炉灶等使用化石燃料产生的排放。

（2）移动燃烧源的燃烧排放，如交通工具产生的排放。

（3）逸散型排放源的排放，如冰箱、空调、灭火器和化粪池等产生的排放。由于逸散型排放源所产生的排放数量较小，一般情况下不予考虑。

（4）建筑物周围新种植树木对温室气体的抵消。由于数量较小，一般情况下不予考虑。

（5）外购电力和热力的排放。公共建筑运营中使用单位（企业）外购电力、外购蒸汽和热水等热力的生产过程产生的排放，这些排放是由建筑运营中使用单位（企业）的生产活动需求所带来的，但实际排放源属于电力和热力的生产企业，是公共建筑运营中使用单位（企业）的经济活动给其他单位（企业）带来的间接排放。

（6）委托第三方承担运输产生的排放。由于统计起来比较复杂，容易重复计算，一般不予考虑。

可见，公共建筑运营过程的温室气体排放主要是由于能源的使用产生的，部分来自逸散型排放源的排放和新种植树木的排放抵消，但由于逸散型排放和新种植树木的排放抵消数量较小，所以一般情况下不予考虑。

2.2.2　温室气体排放量核算

公共建筑的运营排放，一般以 1 年作为周期进行温室气体排放量核算。核算的温室气体种类仅指二氧化碳。

公共建筑运营过程的 CO_2 排放总量等于公共建筑边界内所有使用者的燃料燃烧排放、购入电力和热力所对应的 CO_2 排放量之和。具体计算公式如式（2-7）所示：

$$E_总 = E_{燃料} + E_{电力} + E_{热力} \qquad (2-7)$$

式中：$E_总$ 为运营过程的温室气体排放总量，单位为吨（tCO_2）；$E_{燃料}$ 为燃料燃烧产生的 CO_2 排放量，单位为吨（tCO_2）；$E_{电力}$ 为购入电力所对应的 CO_2 排放量，单位为吨（tCO_2）；$E_{热力}$ 为购入热力所对应的 CO_2 排放量，单位为吨（tCO_2）。

2.2.2.1　化石燃料燃烧排放

在公共建筑运营过程中，使用的化石燃料主要有实物煤、燃油、天然气、液化石油气等。化石燃料燃烧产生的二氧化碳排放，按照式(2-8)计算。

$$E_{燃料} = \sum_{i}^{n} (AD_i \times EF_i) \qquad (2-8)$$

式中：$E_{燃料}$ 为消耗的化石燃料燃烧产生的 CO_2 排放，单位为 tCO_2；AD_i 为消耗的第 i 种化石燃料的活动水平数据，单位为吉焦（GJ），具体的活动水平数据可由年度分品种化石能源消费量和燃料平均低位发热量相乘得到；EF_i 为第 i 种燃料的排放因子，单位为 tCO_2/GJ；i 为化石燃料的类型；n 为化石燃料的类型总数。

$$AD_i = RL_i \times RZ_i \qquad (2-9)$$

式中：RL_i 为核算期第 i 种化石燃料的消耗量（单位为 t 或万 m^3），公共建筑运营中年度分品种化石能源消耗量可根据公共建筑内所有使用单位（企业）生产活动的操作记录得到；RZ_i 为核算期第 i 种化石燃料的平均低位发热量，推荐采用单位（企业）实际检测数据，也可选择使用燃料平均低位发热量的缺省参数（见表2-4）。

$$EF_i = CC_i \times \alpha_i \times \rho \qquad (2\text{-}10)$$

式中：CC_i 为燃料 i 的单位热值含碳量（单位为 tC/GJ），推荐采用单位（企业）统计数据，缺省值如表2-4所示；α_i 为燃料 i 的碳氧化率，单位为%，推荐采用单位（企业）统计数据，缺省值如表2-4所示；ρ 为二氧化碳和碳的分子量之比，即 44/12。

2.2.2.2　购入电力所对应的 CO_2 排放

购入电力在生产过程中产生 CO_2 排放，具体可按式（2-11）进行计算。

$$E_{电力} = AC_e \times EF_e \qquad (2\text{-}11)$$

式中：$E_{电力}$ 为核算期内，运营单位（企业）购入电力所对应的 CO_2 排放量，单位为 tCO_2；AC_e 为核算期内，运营单位（企业）购入的电量，单位为兆瓦时（MWh）；EF_e 为核算期内，运营单位（企业）所在区域电力消费的 CO_2 排放因子，单位为 tCO_2/MWh。

购入电力的活动水平数据可根据电力供应商和公共建筑运营单位（企业）存档的电力流入和流出记录获得，同时相关的计量器具应符合《GB 17167 用能单位能源计量器具配备和管理通则》要求。购入电力的 CO_2 排放因子推荐采用区域电网平均排放因子，区域电网边界按目前的东北、华北、华东、华中、西北和南方电网进行划分。各电网平均排放因子在不同的年份有所不同，由国家主管部门每年发布。单位（企业）可选用最近年份公布的区域电网平均排放因子。

2.2.2.3　购入热力所对应的 CO_2 排放

公共建筑运营中，经常会购入蒸汽和热水作为热源，购入的蒸汽和热水在生产过程中会产生二氧化碳排放。购入蒸汽和热水所对应的二氧化碳排放量，可按式（2-12）计算。

$$E_{热力} = AC_h \times EF_h \qquad (2-12)$$

式中：$E_{热力}$为核算期内，运营单位（企业）外购入蒸汽和热水所对应的CO_2排放量，单位为tCO_2；AC_h为核算期内，运营单位（企业）外购蒸汽和热水的数量，单位为吉焦（GJ），具体数据可根据热力供应单位和运营单位（企业）存档的热力流入和流出记录获得，当然相关计量应符合《GB 17167 用能单位能源计量器具配备和管理通则》要求；EF_h为运营单位（企业）外购蒸汽和热水的CO_2排放因子，单位为tCO_2/GJ，由国家统一规定确定，目前可采用排放因子0.11（tCO_2/GJ）进行计算。[①]

2.2.3　温室气体减排量核算

建筑行业用能单位温室气体减排量的产生是由于采用了先进的技术、加强了用能管理、优化了建筑用能结构或其他内外部因素等（下文统称采取了减排措施），从而使建筑行业用能单位新的生产运营状况较之前相比，同等条件下的温室气体排放量降低了。公共建筑运营单位由于采用某种减排措施带来温室气体减排，考虑公共建筑的各项能耗计量和数据可获得性，应以公共建筑运营单位整体为单元，计算减排措施实施前后的排放量，在边界划定时，参照2.2.1中的边界划定方法。

把减排措施实施前的情景设为基准情景，减排措施实施后的情景设为减排情景。基准情景下公共建筑运营单位在某时间周期（如1年）的初始排放量为BE，减排情景为实施减排措施后在相同时间周期内的

---

① 国家发展和改革委员会. 公共建筑运营企业温室气体排放核算方法和报告指南（试行）[Z]. 2015.

排放量 PE，减排量 RE 即为二者的差值。应注意二者的外部条件应选取一致（例如，相同的建筑能源服务要求等）。

减排量等于基准情景（给定时间周期内）温室气体排放量与减排情景（相同时间周期内）温室气体排放值之差，如式（2-13）所示。

$$RE = BE - PE \qquad (2-13)$$

式中：RE 为温室气体减排量；BE 为基准情景温室气体排放量；PE 为减排情景温室气体排放量。

此外，建筑行业用能单位可以通过减少建筑活动水平带来减排，如房地产开发商，由于采取某种措施减少了建筑建设面积，那么减少的建筑面积在基准情景下所对应的排放量即为该措施带来的减排量。

2.3 减排机会选择原则

所谓机会，指具有时间性的有利条件，从而给人提供有力动机。建筑行业温室气体减排机会，是针对建筑行业利益相关者可实施的、经济可行的减排机会。减排机会存在于建筑全寿命期的各环节，其中建筑建造和建筑运行使用环节最为关键，可以是技术进步、能源消费结构优化、建设模式和生活方式改变等带来的减排机会。这种机会既可以是利益相关方采取某种措施后（如节能）带来的温室气体减排协同效益，也可以是专门针对温室气体减排而进行的活动（如清洁能源替代）。通常情况下，选择减排机会应遵循以下原则：

（1）减排机会具有可操作性，减排机会应针对具体利益相关者而言，需要明确减排机会的实施责任主体。

（2）减排效果越显著，减排机会越值得实施。在技术合理、经济可行的前提下，鼓励实施单位积极选择温室气体减排潜力大的机会。

（3）经济可行，减排成本可承受。

（4）技术可行。技术相对成熟是很重要的前提，可降低实施单位的风险，并要因地制宜，选择适宜的技术。

（5）满足建筑正常使用要求，对经济社会可持续发展没有负面影响。

对实施单位而言，识别出可能的减排机会后，究竟是否采取措施或优先采取什么措施来落实减排工作，有许多影响因素，如承担的社会责任、业绩考核、经济性、技术支撑能力等。因此，需要对可能的减排机会进行综合评价，根据评价结果，再结合实施单位的关注点和要达到的减排目标，选择实施合适的减排机会（项目）。

在减排机会评估中，首先需要界定用能单位（企业）温室气体排放的范围，考虑单位（企业）边界内的所有温室气体排放源，主要是二氧化碳排放源；识别确定具体的排放源。其次要评估减排效果，需要用统一方法进行边界设定、数据收集、数据计算，一是确定排放的基准线，包括基准年和基准年的排放量，二是确定减排机会实施后可能的温室气体排放量，包括确认活动水平和排放因子等参数，根据减排机会实施前后的温室气体排放量变化可以得到该减排机会的减排量，从而判断减排效果。最后对减排增量成本进行评估，根据单位减排量的成本或减排机会的投资回收期来判断该减排机会是否经济合理。此外，还应对减排机会的技术可操作性、环境影响等进行综合评价。表 2-7 是遴选减排技术机会的综合评价指标体系，可供参考。

表 2-7　遴选减排技术的综合评价指标体系

一般指标	权重（%）	二级评价指标
减排潜力	30	减排潜力
		推广前景
技术特征	25	共性或关键
		技术先进性
		技术适宜性
		技术成熟度

续　表

一般指标	权重（%）	二级评价指标
经济特征	20	减排成本
		投资回收期
能效水平	15	节能量
		节能率
可实施性	10	知识产权归属
		技术支撑能力
		环境影响
		是否已有成功案例

第3章

中国建筑行业温室气体排放现状和趋势

本章重点分析了我国建筑行业能源消费和温室气体排放的现状及特点，识别了影响我国建筑行业温室气体排放的主要因素，展望了我国建筑行业能源消费和温室气体排放趋势，梳理总结了我国建筑行业节能减排的主要政策措施，明确了"十三五"时期建筑节能减排的主要目标，并分析了我国建筑行业温室气体减排的工作基础和面临的困难。随着我国城镇化的进一步发展，建筑行业能耗和温室气体排放增加的压力将不断加大，更加凸显建筑行业节能减排的重要性和紧迫性。

3.1 中国建筑行业能源消费和温室气体排放现状及趋势

3.1.1 中国建筑行业能源消费现状与特点

建筑能耗通常指非生产性建筑的能源消耗，即民用建筑的能源消耗。民用建筑依据建筑功能可以分为居住建筑和公共建筑两类，公共建筑又可细分为办公楼、商场、宾馆、医院、学校、体育场馆、电影院、火车站、航站楼等多种类型。通常情况下，建筑能耗指建筑使用过程中的运行能耗，包括由外部输入、用于维护建筑环境（如采暖、空调、通风和照明等）和各类建筑内活动（如办公、炊事等）的用能，不包括建筑材料制造和建筑施工的用能。建筑终端用能项目多样，主要包括采暖、空调、照明、家用电器、办公设备、热水、炊事等能耗；建筑用能涉及的能源品种众多，包括电力、煤炭、热力、煤气、天然气、油品、可再生能源等。

目前，国家统计局所公布的终端能耗数据中，没有明确给出建筑能耗的数据。长期以来，我国能源统计工作以产业部门为划分依据、以法人为单位进行能耗统计，建筑能耗与工业、交通等能耗混杂在一起，被计入各个产业部门中，具体情况为：生活部门大部分能源消费属于建筑能耗，但同时包括私家车等交通工具的交通能耗；三产中的批发零售贸易餐饮业和其他行业的大部分能源消费也属于建筑能耗，但同时包括公务车等交通工具的交通能耗；三产中的交通运输、仓储及邮电通信业的能源消费绝大部分属于交通运输能耗，但同时包括火车站、航站楼等交通场站的能耗，以及非独立核算的附属单位，如商店、科研单位、学校、医院、托儿所等的能耗，这些应属于建筑能耗；工业能源消费中企业机关（厂部、企业管理办公楼）消费的能源，以及企业附属的非独立核算的、非生产经营性服务单位，如科研单位、招待所、学校、医院、食堂、托儿所等消费的能源，大多属于建筑能耗；农、林、牧、副、渔业中一些经营管理设施的能耗也属于建筑能耗。可见，我国现行的能源平衡表不能直观地反映建筑部门能耗，导致我国一直缺乏官方的建筑能耗数据。由于缺乏全国统一的建筑能耗数据，国内一些研究机构和学者开展了全国建筑能耗的测算方法研究。这些方法大致可分为基于微观数据计算的自下而上法和基于国家统计局能源平衡表宏观数据进行拆分调整后推算的自上而下法两大类，其中，清华大学建筑节能研究中心开发的中国建筑能耗模型是自下而上法的代表。虽然各项研究的测算方法不同，但测算结果都表明我国建筑能耗占全社会能耗的比例在20%左右。由于自下而上的算法能提供较为全面、细致的分类能耗数据，因此可以在较广的范围内指导建筑节能减排工作，本指南主要采用清华大学建筑节能研究中心发布的中国建筑能耗相关数据。

2012年，全球建筑部门终端能源消费量达118艾焦（40.12亿吨标准煤），占当年全球终端能源消费总量的32%，其中居住建筑能耗、公共建筑能耗分别占建筑终端能源消费总量的74%、26%，电力、天然气、油品和生物质燃料约占建筑部门能源消费总量的90%；我国约占全球建筑终端用能的16%，位居世界第二，仅次于美国[①]。

从国内来看，建筑部门是我国能源消费的重要部门。根据清华大学建筑节能研究中心测算，2016年我国建筑运行消耗的总商品能源为9.06亿吨标准煤，约占全国一次能源消费总量的20%，建筑部门消耗的商品能源和生物质能共计9.86亿吨标准煤（其中生物质能约0.8亿吨标准煤）；2016年我国建筑运行的化石能源消耗相关的碳排放量为20.3亿吨二氧化碳，其中电力相关的碳排放占40%，其他能源相关的碳排放占60%[②]。

考虑我国不同地区的气候、城乡建筑形态、生活方式等差别，国内通常将建筑用能分为北方城镇采暖用能、城镇住宅用能（不含北方采暖）、公共建筑用能（不含北方采暖）和农村住宅用能四大类。2016年北方城镇采暖用能、城镇住宅用能（不含北方采暖）、公共建筑用能（不含北方采暖）、农村住宅的商品用能分别为1.91亿吨标准煤、2.12亿吨标准煤、2.80亿吨标准煤和2.23亿吨标准煤，其中，公共建筑用能占比最大，约占建筑运行总商品能耗的31%。2016年，全国共有2.83亿户城镇住宅（231亿平方米建筑面积）、1.53亿户农村住宅（233亿平方米建筑面积）、117亿平方米公共建筑，其中，北方城镇采

---

① IEA, Tsinghua University. Building Energy Use in China: Transforming Construction and Influencing Consumption to 2050, OECD/IEA, Paris, 2015.

② 清华大学建筑节能研究中心. 中国建筑节能年度发展研究报告2018 [M]. 北京：中国建筑工业出版社，2018.

暖建筑面积达 136 亿平方米。从商品能源消费的能耗强度看，2016 年我国城镇住宅（不含北方采暖能耗）、农村住宅的户均能耗强度分别为 750 千克标准煤/户、1454 千克标准煤/户，公共建筑（不含北方采暖能耗）的能耗强度为 23.9 千克标准煤/户，北方城镇采暖的能耗强度为 14.0 千克标准煤/户①。

自 2000 年以来，我国经济快速发展、城镇化以及生活水平的提高，促进了建筑业的繁荣，建筑面积持续增长，导致建筑能耗持续增加，如图 3-1 至图 3-3 所示。根据清华大学建筑节能研究中心数据，2001 年至 2016 年，我国每年的竣工建筑面积由 15 亿平方米增长到 25.9 亿平方米，竣工建筑中居住建筑约占 66%、公共建筑约占 34%，建筑总面积由 2001 年的约 360 亿平方米增长到 2016 年的约 581 亿平方米；建筑部门一次能源消费量由 2001 年的约 3.8 亿吨标准煤增长到 2016 年的 9.06 亿吨标准煤，约增长了 1.4 倍。尽管目前仍缺乏权威的、全口径的全国既有建筑面积的官方统计数据，但是清华大学建筑节能研究中心、住房和城乡建设部科技与产业化发展中心、住房和城乡建设部标准定额研究所、国家发展和改革委员会能源研究所、中国建筑节能协会等一些研究机构都开展了分析测算，不同机构测算的近年存量建筑面积结果虽然有所差异，然而差异并不大，各机构测算的 2016 年全国民用建筑总面积基本在 600 亿平方米左右。

---

① 清华大学建筑节能研究中心. 中国建筑节能年度发展研究报告 2018 [M]. 北京：中国建筑工业出版社，2018.

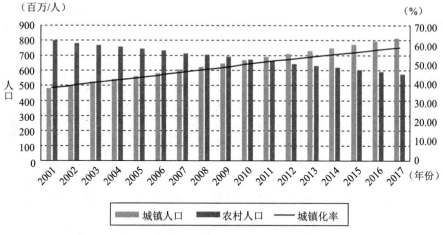

（百万/人）　　　　　　　　　　　　　　　　　　　　　　　　（%）

图 3-1　中国人口和城镇化率（2001—2017 年）

资料来源：《中国统计年鉴》(2018)

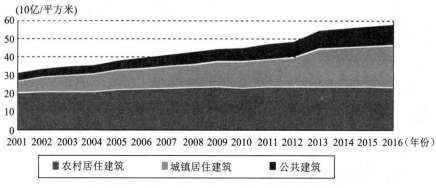

（10亿/平方米）

图 3-2　中国存量建筑面积（2001—2016 年）

资料来源：清华大学建筑节能研究中心

　　尽管我国建筑能耗的总量较大，但就人均建筑能耗水平和单位建筑面积能耗水平而言，远低于美国、欧洲国家等发达国家水平，如图 3-4 所示。2016 年我国人均建筑一次能源消费量约为 656 千克标准煤/人，单位面积建筑一次能源消耗量约为 15.6 千克标准煤/平方米。

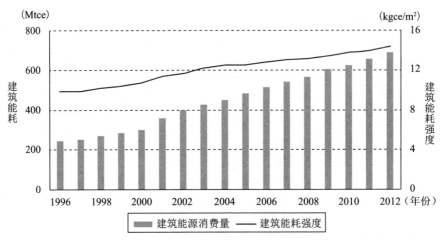

图 3-3　中国建筑部门终端能源消费量及能源强度变化（1996—2012 年）

资料来源：清华大学建筑节能研究中心

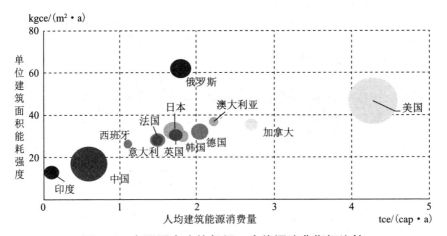

图 3-4　主要国家建筑部门一次能源消费指标比较

　　注：图中横坐标表示每年的人均建筑能源消费量，纵坐标表示每年的单位建筑面积能源消费强度，圆的大小表示各国建筑能源消费总量。

资料来源：清华大学建筑节能研究中心．China Building Energy Use［Z］．2016

自 2000 年以来，我国城乡的人均居住建筑面积持续增长，2012 年我国城镇和农村的人均住宅建筑面积分别为 32.9 平方米和 37.1 平方米，2017 年又分别增长到 39.6 平方米和 46.7 平方米，可见近年来城乡人均居住面积增长较快①。但与发达国家水平相比，我国城乡的人均居住建筑面积仍相对较小，如图 3-5 所示。

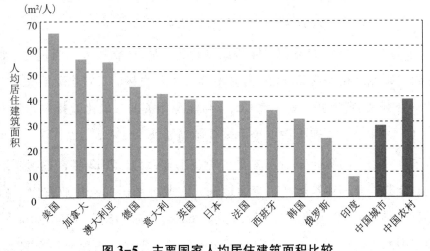

图 3-5　主要国家人均居住建筑面积比较

注：图中中国（城镇、农村）的人均居住建筑面积为 2014 年数据，其他国家均为 2012 年的数据。

资料来源：清华大学建筑节能研究中心 . China Building Energy Use［Z］. 2016.

总体来看，我国建筑能耗呈现了总量大、增长快、人均水平低、单位面积能耗水平低的特点，随着人均建筑面积的增长、用能服务水平的提升，未来建筑能耗还将刚性增长。

---

① 改革开放 40 年成就展［Z］. 2018.

3.1.2 中国建筑行业温室气体排放现状与特点

自 1990 年以来，我国二氧化碳排放增长迅速，二氧化碳占全球排放的比例由 1990 年的 11.4% 增长到 2014 年的 30% 左右，已是全球第一排放大国；2014 年，我国人均二氧化碳排放量达到 7.1 吨 CO_2，高于世界平均水平（4.9 吨 CO_2），首次超过欧盟水平（6.8 吨 CO_2），但与美国的人均排放水平（17 吨 CO_2）仍有较大差距[①]。

2012 年，我国的温室气体排放量约为 104.71 亿吨 CO_2 当量[②]。如果仅包括能源相关的二氧化碳排放和水泥生产直接的二氧化碳排放，则 2012 年排放总量约为 90.5 吨 CO_2（与能源相关的二氧化碳排放总量为 82.1 亿吨 CO_2，水泥生产直接二氧化碳总量为 8.4 亿吨 CO_2）[③]。从我国碳排放的部门分布来看，主要集中在工业部门。2012 年，我国制造业、能源工业、建筑运行、交通运输、农业分部门的碳排放占比（碳排放总量仅按 90.5 吨 CO_2 计）分别为 62%、9%、18%、10% 和 1%[④]，而美国的工业、建筑运行、交通运输分部门的碳排放占比分别为 28%、38% 和 34%[⑤]。可见，我国工业的碳排放占比（71%）远高于美国工业部门的碳排放占比（28%），而我国建筑运行的碳排放占比较美国建筑运行的碳排放占比低很多。

关于建筑的碳排放应从建筑全寿命期角度进行考虑，根据国际案例建筑全寿命期能耗和碳排放的相关比较研究，从国际各种建筑案例分析中可发现，建筑的全寿命期碳排放和能耗有类似的变化趋势，对于居住建筑，建材生产阶段的能耗和二氧化碳排放平均占 22%、运行阶段平均

---

①② 朱松丽，高翔. 从哥本哈根到巴黎国际气候制度的变迁和发展 [M]. 北京：清华大学出版社，2017.

③④ 江亿，林立省. 建筑领域尽早实现碳排放峰值的可行性和路径研究 [Z]. 2017.

⑤ 美国能源信息署.

占78%；对于公共建筑，建材生产阶段的能耗和二氧化碳排放平均占26%、运行阶段平均占到74%。[①] 而建筑建造施工和拆除施工阶段，能耗占生命周期的比例非常小，居住建筑平均约0.44%、公共建筑平均约0.46%，为简化起见，可以忽略这部分能耗和二氧化碳排放的计算。鉴于建筑全寿命期的碳排放主要集中在建筑建造和建筑运行阶段，建筑建造过程的碳排放量与建筑运行过程的碳排放量相加就可近似得到建筑全寿命期内总的碳排放量。

我国建筑业建造阶段的碳排放逐年增加。在我国工业部门，钢铁、水泥等建材行业发展迅速，2012年钢铁、水泥及其他建材生产产生的碳排放占全国制造业碳排放的69%[②]，约占全国碳排放总量的43%。近年来，我国新建建筑面积逐年增加，如2013年全国竣工建筑面积达35亿平方米，新开工建筑面积为50.5亿平方米。城镇化建设的快速发展带来了钢铁、水泥等建材的大量刚性需求，2004年至2012年，我国水泥消耗量从9.7亿吨增长到21.8亿吨，增长超过1倍；钢材消耗量从1.5亿吨增长到5.9亿吨，增长近3倍[③]。建筑建造过程的碳排放由建材生产阶段的碳排放加上施工阶段的碳排放得到。其中，建材生产过程中的碳排放为消耗能源产生的排放和原料化学反应产生的直接排放两部分之和，由于水泥的生产直接排放远大于其他建材，因此仅考虑水泥的生产直接排放即可。我国历年建筑业建造的碳排放见表3-1，从2004年至2012年，我国建筑业建造二氧化碳排放量增长了1.2倍，年均增长2.1亿吨CO_2，占全国总量（此处仅包括能源相关的二氧化碳排放和

① 林波荣，刘念雄，等. 国际建筑生命周期能耗和CO_2排放比较研究［J］. 建筑科学，2013，29（8）.
② 清华大学气候政策研究中心. 中国低碳发展报告2014［M］. 北京：社会科学文献出版社，2014.
③ 《中国统计年鉴》《中国建筑业统计年鉴》.

水泥生产直接的二氧化碳排放）的比例也从 28% 增加到 35%，建造的人均碳排放达到 2.3 吨 CO_2，是导致我国人均碳排放较高的重要因素之一[①]。2012 年，我国建筑建造产生的二氧化碳排放（31.3 亿吨 CO_2）约占当年全国温室气体排放总量（104.71 亿吨 CO_2）的 30%。由于建造产生的二氧化碳排放除了来自能源消耗产生的排放外，还有水泥生产的直接排放，因此建造过程产生的二氧化碳排放占全国二氧化碳排放总量比例应高于建造过程消耗的能源占全国能源消费总量的比例。

表 3-1　2004—2012 年中国建筑业建造阶段的碳排放量及占全国比例

年份	2004	2005	2006	2007	2008	2009	2010	2011	2012
CO_2排放总量（亿吨 CO_2）	14.4	15.8	17.7	19.4	21.1	23.2	26.6	29.5	31.3
CO_2排放占全国总量比例（%）	28	27	28	28	30	31	33	34	35

注：表中的全国总量仅包括能源相关的二氧化碳排放和水泥生产直接的二氧化碳排放。

　　建筑运行阶段的碳排放随着建筑能耗的快速增长而增长。从 2005 年至 2010 年，建筑运行阶段的二氧化碳排放总量由 10.1 亿吨 CO_2 增长到 14.5 亿吨 CO_2，年增长率约为 7.4%；单位建筑面积的二氧化碳排放强度由 26.3 千克 CO_2/（平方米·年）增长到 31.0 千克 CO_2/（平方米·年），年增长率约为 3.3%。[②] 2012 年，我国建筑运行阶段的商品能源消耗 6.9 亿吨标准煤，折合碳排放约为 15.5 亿吨 CO_2，约为建筑建造碳排放量的 50%，约占当年全国温室气体排放总量的 15%。2012 年，我国建筑业建造和建筑运行带来的二氧化碳排放合计约 46.8 亿吨 CO_2，约占当年全国温室气体排放总量的 45%，可见建筑业碳排放对全国碳排放影响很大。

---

① 江亿，林立省. 建筑领域尽早实现碳排放峰值的可行性和路径研究 [Z]. 2017.
② 戴彦德，胡秀连，等. 中国二氧化碳减排技术潜力和成本研究 [M]. 北京：中国环境出版社，2013.

从国际比较来看，2012年我国建筑能耗约占当年全球建筑终端能源消费总量的16%，而我国建筑部门二氧化碳排放量占全球建筑部门二氧化碳排放总量的比例超过了18%[①]（仅指建筑运行阶段的二氧化碳排放）。

总体来看，我国建筑业的二氧化碳排放特点是总量大、增长快，建筑建造阶段和运行阶段的排放都在增长。而且，建筑建造阶段的排放占比较高，这与我国城镇化发展中建筑面积快速扩大密切相关，由此可见，转变城乡建设模式，走新型城镇化道路对我国减少温室气体排放意义重大。

若要估算未来全国或某地区层面因建筑建造产生的碳排放和因建筑运行使用产生的碳排放，可用下面的简单方法进行计算。

建筑建造过程碳排放可由建筑竣工面积和单位面积建筑建设产生的碳排放（又称"单位面积建筑含碳"）相乘所得。根据相关研究测算，目前建设1平方米的城镇居住建筑平均约消耗183千克标准煤的能源，产生631千克的二氧化碳排放，如表3-2所示[②]。例如，根据《中国统计年鉴》中公布的全社会房屋竣工建筑面积，2013年全社会房屋竣工面积为35亿平方米，其中住宅竣工面积为19.3亿平方米，城镇房屋竣工面积为25.7亿平方米，其中住宅竣工面积为10.7亿平方米。可见，2013年全社会竣工的城镇居住建筑、公共建筑、农村居住建筑分别为10.7亿平方米、15亿平方米、8.6亿平方米，由此可以估算得到2013年建造过程的能耗6.93亿吨标准煤（约占当年全国能源消费量的18%）、碳排放23.8亿吨CO_2。随着技术进步，我国建材生产能耗将进一步降低，钢材和水泥的综合能耗达到国际先进水平，未来单位建筑面

---

① IEA, Tsinghua University. Building Energy Use in China: Transforming Construction and Influencing Consumption to 2050. OECD/IEA, Paris, 2015.

② 江亿，林立省. 建筑领域尽早实现碳排放峰值的可行性和路径研究 [Z]. 2017.

积含能含碳将会逐年下降。

表 3-2　单位建筑面积含能含碳

建筑类型	单位面积含能（千克标准煤/平方米）	单位面积含碳（千克 CO_2/平方米）
城镇居住建筑	183	631
公共建筑	263	905
农村居住建筑	119	409

建筑运行过程碳排放由建筑面积、建筑运行能耗强度和单位能耗碳排放三者相乘所得，其中，单位能耗碳排放强度由建筑运行所消耗的能源结构决定。2013 年，我国建筑运行能耗为 7.56 亿吨标准煤（约占全国能源消费量的 19.5%），折合碳排放量 17.5 亿吨 CO_2，单位能耗碳排放强度为 2.31 千克 CO_2/ 千克标准煤[1]，未来随着我国能源结构进一步优化，建筑运行的单位能耗碳排放强度也将逐年下降。

3.1.3　影响中国建筑行业温室气体排放的主要因素

从建筑的全寿命期来看，碳排放从大到小依次是建筑运行使用阶段、建造阶段和拆除处理阶段，重点需要关注建筑建造阶段和运行使用阶段的碳排放。运行使用阶段的碳排放最大，主要原因在于较长的使用期，一般建筑使用期长达 50~70 年；建造阶段的碳排放占比较小是由于其主要集中在 1~2 年的建设期内，但短期排放的绝对量相当可观。

建筑建造阶段的碳排放包括所消耗建材在其生产过程中产生的排放和施工过程中产生的排放，其中，所消耗的建材生产过程产生的碳排放占绝对主导地位。可见，建筑建造过程的碳排放与竣工建筑面积、单位建筑面积的建材消耗量、单位建材生产的 CO_2 排放因子有关，如

---

[1]　江亿，林立省. 建筑领域尽早实现碳排放峰值的可行性和路径研究 [Z]. 2017.

式 3-1、图 3-6 所示。减少建筑建设活动、减少单位建筑面积的建材消
耗量、减少单位建材生产的 CO_2 排放因子都将有利于减少建筑建造阶段
的碳排放。例如，通过加强城乡建设规划管理，抑制不合理的建筑需
求，减少建筑建设活动；鼓励采用高性能的钢材、水泥等建材，减少单
位建筑面积建材消耗量；鼓励选用含能（含碳）较低的绿色建材，在
同样满足建筑性能要求前提下减少单位建筑面积的建材消耗量；提高钢
材、水泥等建材生产过程的能源利用效率，减少化石能源消耗，有利于
减少单位建材生产的 CO_2 排放因子。

$$E_C = F_C \times I_M \times C_M \qquad (3-1)$$

式中：E_C 为建筑建造过程碳排放量，单位为 tCO_2；F_C 为建筑竣工
面积，单位为平方米（m^2）；I_M 为单位建筑面积建材消耗量，单位为
吨/平方米（t/m^2）；C_M 为单位建材生产的碳排放因子，单位为吨二氧
化碳/吨（tCO_2/t）。

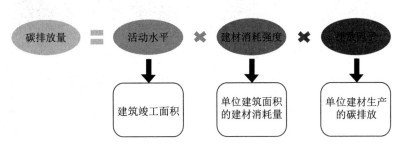

图 3-6　建筑建造阶段碳排放影响因素

建筑运行使用阶段碳排放与建筑活动水平、能源强度和排放因子相
关，如式（3-2）、图 3-7 所示。建筑活动水平主要指建筑面积、户数
等宏观指标。能源强度可以进一步分解为有用能强度和用能设备效率两
个方面，前者指为建筑提供一定的服务理论上需要的能耗强度，后者指
用能设备将能源转化为服务时的效率，建筑实际消费的能源量是前者与

后者的比值。例如，用空调设备给建筑物供冷时的冷量需求为 3 千瓦时，空调的能效比（COP）为 3，则该空调实际耗电量为 1 千瓦时；用燃煤锅炉给建筑物供暖时的热量需求为 35GJ/m²，锅炉效率为 70%，则锅炉实际能耗为 50GJ/m²。由于不同能源品种具有不同的碳排放因子，在能源消费量相同时，如果能源结构中低碳能源或零碳能源占比高，则对应的碳排放就较少。可见，抑制建筑活动水平过快增长、大幅降低有用能强度、努力提高用能设备效率、优化用能结构是减少建筑运行使用阶段碳排放的主要路径。

$$E_O = F_O \times (I_E / \eta) \times C_E \qquad (3-2)$$

式中：E_O 为建筑运行阶段碳排放量，单位为 tCO_2；F_O 为运行使用的建筑面积，单位为 m^2；I_E 为有用能强度，单位为吉焦/平方米（GJ/m²）；η 为用能设备能源效率（%）；C_E 为消耗能源的碳排放因子，单位为吨二氧化碳/吉焦（t CO_2/GJ）。

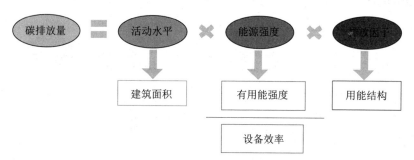

图 3-7　建筑运行使用阶段碳排放影响因素

3.1.4　中国建筑行业能源消费和温室气体排放趋势

目前，我国处于工业化发展的中、后期，工业部门仍是最大的能源消费部门，约占全国一次能源消费量的 67%，而建筑部门的能源消费占比仅为 20% 左右。根据发达国家的能源消费发展历史经验，当工业发展到一定程度后，建筑和交通部门能耗水平将随着经济发展急剧增长，特别当人均 GDP 达到 1 万美元后，建筑部门将成为新一轮能源消费增长的主要来源，从而改变整个国家的用能结构。根据 2008 年经合组织国家的用能数据，建筑、民生部门和交通运输部门用能已占其全国总商品能源消费量的 60% 以上。经合组织国家人口仅为全球的 1/6，创造了全球 75% 的 GDP，其能源消耗约占全球能源消耗的一半，而其中 58% 的能耗用于建筑部门和交通部门，用于物质产品生产的能源消耗不到其总能耗的 30%。如图 3-8、图 3-9 所示。

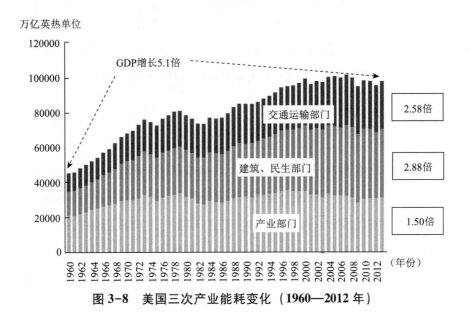

图 3-8　美国三次产业能耗变化（1960—2012 年）

注：GDP 为 2005 年不变价美元。

资料来源：美国能源信息署

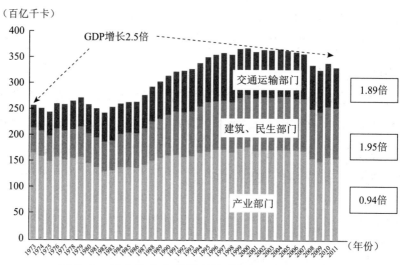

图 3-9　日本三次产业能耗变化（1973—2011 年）

注：GDP 为 2005 年不变价美元。

资料来源：日本能源经济统计手册 2012。

　　美国、日本都曾经历过建筑能耗快速增长的阶段。从美国民用建筑能耗发展历史来看，从 20 世纪 50 年代开始，经过 15~20 年的时间，单位建筑面积能耗增加了 1~1.5 倍，而建筑能耗占全社会能耗的比例也逐年增长，达到 30%~40% 的水平[①]。日本从 1965 年到 2009 年，建筑能耗占全社会的能耗比例持续增加，由约 7% 增长到接近 30%，原因是住房面积的增加和能源服务水平的不断提高；单位建筑面积能耗强度在 1965 年到 1973 年快速增长，之后增速放缓，1995 年达到峰值后逐步回落（见图 3-10）。

---

　　① 钱易．中国工程院重大咨询项目"中国特色新型城镇化发展战略研究"第三卷 [M]．北京：中国建筑工业出版社，2013.

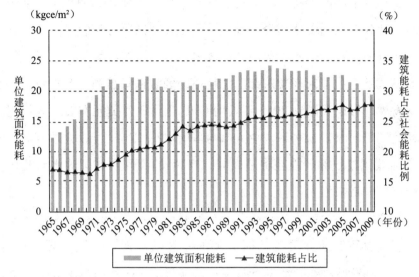

图3-10　1965—2009年日本民用建筑单位面积能耗发展变化

资料来源：The Energy Data and Modeling Center，IEEJ. Handbook of Energy & Economic Statistics in Japan 2011.

　　城镇化发展和生活水平的提高是驱动我国建筑部门用能增长的主要因素。对居住建筑而言，人口的增长、城镇化率提高、人均居住建筑面积的增加，以及家用电器拥有率的增长、室内环境舒适度要求提高是驱动居住建筑用能的主要因素。对公共建筑而言，随着社会经济的发展，第三产业经济活动更加频繁，第三产业从业人数增加、人均雇员建筑面积扩张、能源服务水平要求提高，以及更多的办公设备和照明用能需求是驱动公共建筑用能的主要因素。

　　我国正处于城镇化快速发展阶段，要达到发达国家水平，城镇化率还要继续提高15个百分点以上。大量农村人口进入城市生活，意味着将消耗更多的能源，由此带动居住建筑能耗的快速攀升。何况，我国人均居住建筑面积水平同发达国家相比还有一定差距，未来随着经济发展、生活水平的改善将完全有可能提高人均居住建筑面积水平。从公共建筑能耗来看，随着我国经济发展从重工业转向服务型经济，公共建筑面积将进一步扩大，商用部门的能源消费量也将持续增长。可见在惯性发展模式下，我国未来建筑部门能耗驱动因素依然强劲。若按目前趋势照常发展，假设我国到 2050 年人均 GDP 达到 3 万美元左右，人均建筑能耗达到目前欧盟的水平，总人口与目前水平相当，可以大致判断，到 2050 年我国建筑部门能耗将是 2010 年水平的 3 倍左右，这将对我国能源资源环境带来巨大压力。

国家发展和改革委员会能源研究所联合美国劳伦斯伯克利国家实验室、落基山研究所开展了历时 2 年的"重塑能源：中国"项目研究，利用 LEAP 模型对不同情景下我国建筑部门未来的能源需求和二氧化碳排放进行了预测，并设定了参考情景和重塑情景。

所谓参考情景，是指 2010 年之前制定的建筑节能减排相关政策继续实施，2010 年后没有重大政策介入；建筑节能技术自然进步，在 2050 年之前没有重大技术突破；人们对建筑舒适度的要求和建筑服务水平随着城镇化推进和经济社会发展进一步提高。

所谓重塑情景，指通过采取一系列政策措施，推行实施强化节能的重塑路径，最大限度地应用现有的国内外先进建筑节能减排技术，在满足更高舒适度要求的同时，大幅降低未来建筑部门能源需求，实现建筑部门可持续发展。重塑情景下，电力供应实现由"以煤为主"向清洁电力、非化石电力为主转型，见图 3-11。

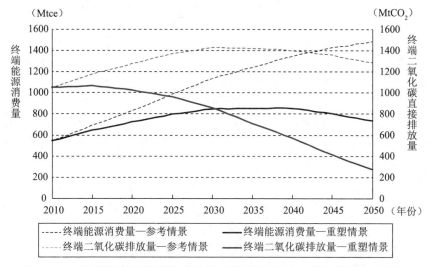

图 3-11　不同情景下建筑部门终端能源消费量和二氧化碳直接排放量

注：本图在计算建筑部门二氧化碳排放量时，煤炭、煤气、LPG、天然气、油品的二氧化碳排放系数分别取 2.88 tCO_2/吨标准煤、1.3 tCO_2/吨标准煤、1.85 tCO_2/吨标准煤、1.64 tCO_2/吨标准煤、2.27 tCO_2/吨标准煤；由于电力、热力生产的二氧化碳排放计入加工转换部门，电力、热力在终端的二氧化碳排放按照 0 计算。

资料来源：张建国，谷立静. 重塑能源：中国面向 2050 年能源消费和生产革命路线图（建筑卷）[M]. 北京：中国科学技术出版社，2017.

参考情景下，建筑能源消费量持续快速攀升，终端能源消费量（不含生物质能）从 2010 年的 5.5 亿吨标准煤增长到 2050 年的 14.8 亿吨标准煤，一次能源消费量从 2010 年的 7.7 亿吨标准煤增长到 2050 年的 24.1 亿吨标准煤，在 2010—2050 年都没有峰值出现。重塑情景下，建筑能源消费增速显著放缓，终端能源消费量在 2039 年左右达到峰值，一次能源消费量在 2031 年左右达到峰值①（见图 3-12）。

---

①　张建国，谷立静. 重塑能源：中国面向 2050 年能源消费和生产革命路线图（建筑卷）[M]. 北京：中国科学技术出版社，2017.

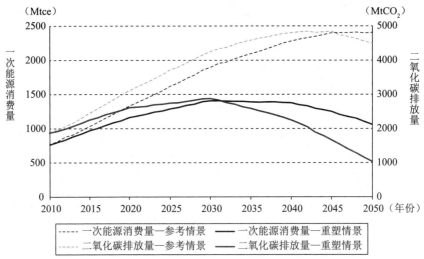

*一次能源换算使用直接等效法（与IPCC换算因数一致）。

图 3-12　不同情景下建筑部门一次能源消费量和二氧化碳排放量

资料来源：张建国，谷立静. 重塑能源：中国面向 2050 年能源消费和生产革命路线图（建筑卷）[M]. 北京：中国科学技术出版社，2017.

参考情景下，建筑部门终端二氧化碳直接排放量从 2010 年的 10.5 亿吨增长到 2050 年的 12.9 亿吨，在 2031 年达到峰值；而重塑情景下，终端二氧化碳直接排放量在 2015 年即达到峰值，到 2050 年降至 2.8 亿吨，仅为 2010 年水平的 26%。若考虑电力、热力生产间接二氧化碳排放，参考情景下，建筑部门二氧化碳排放量从 2010 年的 18.8 亿吨增长到 2050 年的 45.0 亿吨，在 2042 年左右达到峰值；而重塑情景下，二氧化碳排放量提前到 2030 年左右达到峰值，到 2050 年降至 10.5 亿吨，仅为 2010 年水平的 56%。[1]

---

① 张建国，谷立静. 重塑能源：中国面向 2050 年能源消费和生产革命路线图（建筑卷）[M]. 北京：中国科学技术出版社，2017.

　　换言之，如果不采取措施，按趋势照常情景发展，到 2050 年建筑部门运行阶段产生的二氧化碳将是 2010 年水平的 2.4 倍；而在重塑情景下，到 2050 年建筑部门运行阶段产生的二氧化碳仅约为 2010 年水平的一半，而且可提前 10 年左右达到二氧化碳排放峰值。

3.2　中国建筑行业节能减排的主要政策措施

我国政府高度重视建筑节能减排工作，在完善建筑节能设计标准、法规制度、组织管理体系，推进新建建筑执行节能标准、既有建筑节能改造、可再生能源建筑应用、公共建筑节能管理、绿色建筑发展等方面出台了一系列政策措施。

3.2.1　强化节能减排规划引导

在"十二五"期间，我国政府更加重视建筑节能减排工作，发布了一系列政策（见表3-3），制订了相关规划，明确规划实施主体及目标任务，并加强对规划进度完成情况的评估和考核，有效指导我国建筑节能减排工作。其中，《绿色建筑行动方案》《"十二五"建筑节能专项规划》是具体指导"十二五"建筑节能工作的主要政策文件。

表3-3　中国"十二五"期间发布的建筑节能减排相关政策文件

文件名称	发布机构	发布时间
节能减排"十二五"规划	国务院	2012 年 8 月
"十二五"节能减排综合性工作方案	国务院	2011 年 8 月
绿色建筑行动方案	国务院办公厅	2013 年 1 月

文件名称	发布机构	发布时间
国家新型城镇化规划（2014—2020 年）	中共中央、国务院	2014 年 3 月
"十二五"节能环保产业发展规划	国务院	2012 年 6 月
"十二五"国家战略性新兴产业发展规划	国务院	2012 年 7 月
能源发展"十二五"规划	国务院	2013 年 1 月
能源发展战略行动计划（2014—2020 年）	国务院	2014 年 11 月
国家应对气候变化规划（2014—2020 年）	国务院	2014 年 9 月
2014—2015 年节能减排低碳发展行动方案	国务院办公厅	2014 年 5 月
"十二五"建筑节能专项规划	住房和城乡建设部	2012 年 5 月
"十二五"绿色建筑和绿色生态城区发展规划	住房和城乡建设部	2013 年 4 月
"十二五"城市绿色照明规划纲要	住房和城乡建设部	2011 年 11 月
公共机构节能"十二五"规划	国务院机关事务管理局	2011 年 8 月
促进绿色建材生产和应用行动方案	工业和信息化部、住房和城乡建设部	2015 年 8 月
2014—2015 年节能减排科技专项行动方案	科技部、工业和信息化部	2014 年 3 月

《节能减排"十二五"规划》由国务院于 2012 年 8 月出台，涉及工业、建筑、交通各用能部门，提出了"十二五"期间节能减排总目标，即到 2015 年全国万元 GDP 能耗下降到 0.869 吨标准煤（按 2005 年价格计算），比 2010 年的 1.034 吨标准煤下降 16%（比 2005 年的 1.276 吨标准煤下降 32%），"十二五"期间实现节约能源 6.7 亿吨标准煤；2015 年，全国化学需氧量、二氧化硫排放总量、氨氮排放总量及氮氧化物排放总量分别比 2010 年的排放量减少 8%、8%、10% 及 10%。具体到建筑部门，要求北方采暖地区既有居住建筑改造面积由 2010 年的 1.8 亿平方米提高到 2015 年的 5.8 亿平方米，新增 4 亿平方米；城镇新建绿色建筑标准执行率由 2010 年的 1% 上升到 2015 年的 15%，新

增14个百分点；公共机构单位建筑面积能耗由23.9千克标准煤/平方米降至21千克标准煤/平方米，公共机构人均能耗由447.4千克标准煤/人降至380千克标准煤/人；终端用能设备能效涉及房间空调器、电冰箱和家用燃气热水器。在规划的主要任务中，建筑节能主要强调新建建筑节能和既有建筑改造节能两方面，而在商用和民用节能、公共机构节能用能管理中，重点强调了节能设备、运行管理节能，突出能耗监测和节能监管体系的作用。在保障措施中的"加强用能节能管理"提到"在工业、建筑、交通运输、公共机构以及城乡建设和消费领域全面加强，切实改变敞开供应能源、无约束使用能源的现象"，反映了用能总量控制的思想。

《"十二五"节能减排综合性工作方案》由国务院于2011年发布，明确要制定并实施绿色建筑行动方案，从规划、法规、技术、标准、设计等方面全面推进建筑节能；新建建筑严格执行建筑节能标准，提高标准执行率；推进北方采暖地区既有建筑供热计量和节能改造，实施"节能暖房"工程，改造供热老旧管网，实行供热计量收费和能耗定额管理；做好夏热冬冷地区建筑节能改造；公共机构新建建筑实行更加严格的建筑节能标准；加快公共机构办公区节能改造，完成办公建筑节能改造6000万平方米；国家机关供热实行按热量收费；开展节约型公共机构示范单位创建活动，创建2000家示范单位；加强公共建筑节能监管体系建设，完善能源审计、能效公示，推动节能改造与运行管理；研究建立建筑使用全寿命期管理制度，严格建筑拆除管理。

《"十二五"建筑节能专项规划》提出建筑节能总体目标：到"十二五"期末，建筑节能形成1.16亿吨标准煤节能能力。其中，发展绿色建筑，加强新建建筑节能工作，形成4500万吨标准煤节能能力；深化供热体制改革，全面推行供热计量收费，推进北方采暖地区既有建筑供热计量及节能改造，形成2700万吨标准煤节能能力；加强公共建筑节能监管体系建设，推动节能改造与运行管理，形成1400万吨标准煤节能能力。推动可再生能源与建筑一体化应用，形成常规能源替代能力3000万吨标准煤。

《"十二五"建筑节能专项规划》明确了绿色化、区域化、产业化、市场化及统筹兼顾推进建筑节能的发展路径，并提出了以下9项重点任务：

（1）提高能效，抓好新建建筑节能监管，要求北方严寒及寒冷地区、夏热冬冷地区全面执行新颁布的节能设计标准（"三步"建筑节能标准），执行比例达到95%以上；北京、天津等特大城市执行更高水平的节能标准；建设完成一批低能耗、超低能耗示范建筑。

（2）扎实推进既有居住建筑节能改造，要求北方采暖地区实施既有居住建筑供热计量及节能改造4亿平方米以上，过渡地区、南方地区实施既有居住建筑节能改造试点5000万平方米。

（3）深入开展大型公共建筑节能监管和高耗能建筑节能改造，实现公共建筑单位面积能耗下降10%，其中大型公共建筑能耗降低15%目标。加大能耗统计、能源审计、能效公示、能耗限额、超定额加价、能效测评制度实施力度；建设省级监测平台20个，实现省级监管平台全覆盖，节约型校园建设200所，动态监测建筑能耗5000栋；促使高耗能公共建筑按节能方式运行，实施10个以上公共建筑节能改造重点城市，实施高耗能公共建筑节能改造达到6000万平方米，高效节能改造示范50所。

（4）加快可再生能源建筑领域规模化应用，鼓励有条件地区集中连片推进可再生能源建筑应用，"十二五"期间新增可再生能源建筑应用面积 25 亿平方米，形成常规能源替代能力 3000 万吨标准煤。

（5）大力推动绿色建筑发展，实现绿色建筑普及化，"十二五"期间新建绿色建筑 8 亿平方米，其中，实施 100 个以规模化推进绿色建筑为主的绿色生态城（区），2015 年城镇新建建筑 20%以上应达到绿色建筑标准要求。

（6）积极探索，推进农村建筑节能，支持 40 万农户结合农村危房改造开展建筑节能示范。

（7）积极促进新型材料推广应用，要求新型墙体材料产量占墙体材料总量的比例达到 65%以上，建筑应用比例达到 75%以上。

（8）推动建筑工业化和住宅产业化，推动结构件、部品、部件的标准化；推广适合工业化生产的预制装配式混凝土、钢结构等建筑体系；支持整合设计、生产、施工全过程的工业化基地建设，选择条件具备的城市进行试点。

（9）推广绿色照明应用，积极实施绿色照明工程示范，鼓励因地制宜地采用太阳能、风能等可再生能源为城市公共区域提供照明用电。此外，在建筑节能的法律法规、体制机制建设方面，要求形成以《节约能源法》和《民用建筑节能条例》为主体，部门规章、地方性法规、地方政府规章及规范性文件为配套的建筑节能法规体系；规划期末实现地方性法规省级全覆盖，建立健全支持建筑节能工作发展的长效机制，形成财政、税收、科技、产业等体系共同支持建筑节能发展的良好局面；建立省、市、县三级职责明确、监管有效的体制和机制；健全建筑节能技术标准体系；建立并实行建筑节能统计、监测、考核制度。

《绿色建筑行动方案》于 2013 年 1 月以国务院办公厅文件形式发

布，对"十二五"建筑节能工作进行了全面部署，明确了目标、任务、措施。主要目标是：新建建筑严格落实强制性节能标准，"十二五"期间，完成新建绿色建筑 10 亿平方米；截至 2015 年末，20%的城镇新建建筑达到绿色建筑标准要求。相对《节能减排"十二五"规划》，《绿色建筑行动方案》对新建绿色建筑提出了更高要求。对既有建筑节能改造，要求完成北方采暖地区既有居住建筑和节能改造 4 亿平方米以上，夏热冬冷地区既有居住建筑节能改造 5000 万平方米，公共建筑和公共机构办公建筑节能改造 1.2 亿平方米，实施农村危房改造节能示范 40 万套。同时提出了切实抓好新建建筑节能工作、大力推进既有建筑节能改造、开展城镇供热系统改造、推进可再生能源建筑规模化应用、加强公共建筑节能管理、加快绿色建筑相关技术研发推广、大力发展绿色建材、推动建筑工业化、严格建筑拆除管理程序、推进建筑废弃物资源化利用 10 项重点任务。各地方、各部门积极响应中央号召，各地出台了地方落实绿色建筑行动的实施方案；各部委按照《贯彻落实绿色建筑行动方案部门分工》，积极推进各项分工任务的落实，陆续出台了《"十二五"绿色建筑科技发展专项规划》(国科发〔2012〕692 号、《"十二五"绿色建筑和绿色生态城区发展规划》(建科〔2013〕53 号)、《关于保障性住房实施绿色建筑行动的通知》(建办〔2013〕185 号)、《关于在政府投资公益性建筑及大型公共建筑建设中全面推进绿色建筑的通知》(建办科〔2014〕39 号)、《党政机关办公用房建设标准》等一系列配套落实文件。

《能源发展"十二五"规划》由国务院于 2013 年发布，首次提出我国能源消费总量控制目标，要求实施能源消费强度和消费总量双控制，到"十二五"末，国内一次能源消费总量控制在 40 亿吨标准煤、用电量控制在 6.15 万亿千瓦时，单位国内生产总值能耗比 2010 年下降 16%。建筑部门作为社会能源消费的重要组成部分，需要贯彻能源消费总量控制的思想。该规划已将住房和城乡建设部纳入能源消费总量控制的实施部门，但没有明确建筑部门的具体控制分目标。要求"十二五"应全面推进节能提效，加强建筑节能，推行绿色建筑标准、评价与标识，提高新建建筑能效水平，加快既有建筑和城市供暖管网节能改造，实行供热计量收费和能耗定额管理，着力增加太阳能、地热能等可再生能源在建筑用能中的比重，实行公共建筑能耗定额管理、能效公示、能源计量和能源审计制度。此外，还提出非化石能源消费比重的约束性目标，由 2010 年的 8.6% 提高到 2015 年的 11.4%；民生改善的预期性目标，如居民人均生活用电量由 2010 年的 380 千瓦时提高到 2015 年的 620 千瓦时、使用天然气的人口由 2010 年的 1.8 亿增加到 2015 年的 6.8 亿。这些指标导向对建筑部门而言，就是要提高终端能源消费的电气化水平，提高可再生能源、天然气等清洁能源的占比。

《"十二五"节能环保产业发展规划》由国务院于 2012 年发布，明确要加快发展节能环保产业，节能环保产业产值年均增长 15% 以上，到 2015 年节能环保产业总产值达到 4.5 万亿元，增加值占国内生产总值的 2% 左右；技术装备水平大幅提升；高效节能产品市场占有率由 2011 年的 10% 左右提高到 30% 以上；节能环保服务业快速发展，采用合同能源管理机制的节能服务业销售额年均增长保持在 30%，到 2015 年分别形成 20 个和 50 个左右年产值在 10 亿元以上的专业化合同能源管理公司和环保公司。规划中节能产业重点领域涉及建筑部门，明确了家用电器和办公设备、高效照明产品、新型节能建材等节能产品关键技术、发展方向，如重点攻克空调制冷剂替代技术、二氧化碳热泵技术，推广能效等级为一级和二级的节能家用电器、办公和商用设备；加快半导体照明（LED、OLED）研发；重点发展适用于不同气候条件的新型高效节能墙体材料以及保温隔热防火材料，复合保温砌块、轻质复合保温板材、光伏一体化建筑用玻璃幕墙等新型墙体材料；大力推广节能建筑门窗、隔热和安全性能高的节能膜和屋面防水保温系统、预拌混凝土和预拌砂浆。

《"十二五"国家战略性新兴产业发展规划》由国务院于 2012 年发布，该规划明确指出，"提高新建建筑节能标准，开展既有建筑节能改造，大力发展绿色建筑，推广绿色建筑材料"属于国家七大战略性新兴产业之一"节能环保产业"之"高效节能产业"。

《国家新型城镇化规划（2014—2020 年）》由中共中央、国务院于 2014 年发布，要求城镇绿色建筑占新建建筑比重要从 2012 年的 2% 提升到 2020 年的 50%；人均城市建设用地到 2020 年不超过 100 平方米；城镇可再生能源消费比重由 2012 年的 8.7% 提高到 2020 年的 13%。

《能源发展战略行动计划（2014—2020 年）》由国务院办公厅于 2014 年 11 月印发，明确了 2020 年我国能源发展的总体目标、战略方针和重点任务，提出了要坚持"节约、清洁、安全"的战略方针，重点实施"节约优先、立足国内、绿色低碳、创新驱动"四大战略，加快构建低碳、高效、可持续的现代能源体系。该行动计划再次强调了要推进重点领域和关键环节节能，合理控制能源消费，以较少的能源消费支撑经济社会较快发展，给出了 2020 年一次能源消费总量控制在 48 亿吨标准煤左右、煤炭消费总量控制在 42 亿吨左右的目标。同时，着力优化能源结构，把发展清洁低碳能源作为调整能源结构的主攻方向。坚持发展非化石能源与化石能源高效清洁利用并举，逐步降低煤炭消费比重，提高天然气消费比重，大幅提高风电、太阳能、地热能等可再生能源和核电消费比重，"到 2020 年，非化石能源占一次能源消费比重达到 15%，天然气比重达到 10% 以上，煤炭消费比重控制在 62% 以内"。针对该计划给出的 2020 年能源消费总量，考虑建筑能耗占全社会能源消费总量的比重，建筑部门能耗不应该超过 11 亿吨标准煤，实际上间接地对建筑部门能源消费总量控制提出了要求，倒逼建筑部门尽早采取革命措施，抑制建筑部门能耗持续快速增长的态势。

《国家应对气候变化规划（2014—2020 年）》（以下简称《规划》）由国家发展和改革委员会于 2014 年 9 月印发，是我国应对气候变化领域的首个国家专项规划，分析了全球气候变化趋势及对我国的影响，明确了 2020 年前我国积极应对气候变化的指导思想和主要目标，从控制温室气体排放、适应气候变化影响等方面提出政策措施和实施路径。《规划》要求到 2020 年，我国控制温室气体排放行动目标全部完成。其中包括单位国内生产总值二氧化碳排放比 2005 年下降 40%～50%，非化石能源占一次能源消费的比重达到 15% 左右，森林面积和蓄积量分别比 2005 年增加 400 万公顷和 13 亿立方米。为了实现这些目标，《规划》要求抑制高碳行业过快增长，推动传统制造业优化升级并大力发展战略性新兴产业，到 2020 年战略性新兴产业增加值占国内生产总值的比重达 15% 左右，服务业增加值占比达到 52% 以上。

此外，我国还将优化能源结构，包括合理控制煤炭消费总量、加快石油天然气资源勘探和开发力度、安全高效发展核电、大力开发风电、推进太阳能多元化利用、发展生物质能等。在产业方面，《规划》提出，我国到 2020 年将建成 150 家左右的低碳产业示范园区、创建 1000 个左右的低碳商业试点、开展 1000 个左右的低碳社区试点。同时推动低碳产品推广、工业生产过程温室气体控排、碳捕集、利用和封存等示范工程。在制度方面，我国将加快建立全国碳排放交易市场，制定不同行业减排项目的减排量核证方法学，并研究与国外碳排放交易市场衔接。《规划》明确要控制城乡建设领域排放、倡导低碳生活，鼓励采用先进的节能减碳技术和建筑材料，因地制宜推动太阳能、地热能等可再生能源建筑一体化应用；加强建筑节能管理，提升并严格执行新建建筑节能标准，推广绿色建筑标准，力争到 2020 年城镇绿色建筑占新建建筑比重达到 50%；加快公共建筑节能改造，对重点能耗建筑实行动态监测；鼓励农村新建节能建筑和既有建筑的节能改造，引导农民建设可再生能源和节能型住房。

《公共机构节能"十二五"规划》由国务院机关事务管理局于 2011 年印发，明确了"十二五"公共机构节能工作的主要目标，即以 2010 年能源资源消耗为基数，2015 年人均能耗下降 15%，单位建筑面积能耗下降 12%；到 2015 年，建立起比较完善的公共机构节能组织管理体系、政策法规体系、计量监测考核体系、技术支撑体系、宣传培训体系和市场化服务体系。提出节约型公共机构示范单位建设工程、绿色照明工程、绿色数据中心工程、零待机能耗计划、燃气灶具改造工程、既有建筑供热计量与节能改造工程、新能源和可再生能源推广工程、节能与新能源公务用车推广工程、节水工程、资源综合利用工程十项重点工程。

《"十二五"城市绿色照明规划纲要》由住房和城乡建设部于 2011 年制定发布，主要针对提高城市照明节能管理水平，明确"十二五"城市照明的指导思想、基本原则、发展目标和重点任务以及保障措施，对城市绿色照明工作进行了全面部署，要求到"十二五"期末，城市照明节电率达到 15%（以 2010 年底为基数），并将城市照明节能工作纳入城乡建设领域节能减排任务进行检查考核，扎实推进 LED 照明产品应用示范工程。

《促进绿色建材生产和应用行动方案》由工业和信息化部、住房和城乡建设部于 2015 年 8 月联合发布，目的是促进绿色建材生产和应用，推动建材工业稳增长、调结构、转方式、惠民生，更好地服务于新型城镇化和绿色建筑发展。该方案明确了目标：到 2018 年，绿色建材生产比重明显提升，发展质量明显改善，其中新建建筑中绿色建材应用比例达到 30%，绿色建筑应用比例达到 50%，试点示范工程应用比例达到 70%，既有建筑改造应用比例提高到 80%。该方案还要求开展建材工业绿色制造、绿色建材评价标识、水泥与制品性能提升、钢结构和木结构建筑推广、平板玻璃和节能门窗推广、新型墙体和节能保温材料革新、陶瓷和化学建材消费升级、绿色建材下乡、试点示范引领和强化组织实施共十大行动。

《2014—2015 年节能减排科技专项行动方案》由科技部、工业和信息化部于 2014 年联合印发，目的是深入落实《节能减排"十二五"规划》，全面推进 2014—2015 年节能减排科技工作，明确了主要目标，其中要求突破共性和关键技术 150 项、相关关键技术设备能效提高 10% 以上。针对绿色建筑领域，重点突破新型节能保温一体化结构体系、围护结构与通风遮阳建筑一体化产品、高强钢筋性能优化及生产技术研究、高效新型玻璃及幕墙产业化技术、新型建筑供暖与空调设备系统、新型冷热量输配系统、可再生能源与建筑一体化利用技术、公共机构等建筑用能管理与节能优化技术、既有建筑节能和绿色化改造技术、建筑工业化设计生产与施工技术、建筑垃圾资源化循环利用技术。

《2014—2015 年节能减排低碳发展行动方案》由国务院办公厅于 2014 年印发，强调要狠抓工业、建筑、交通运输、公共机构重点领域节能降碳。针对建筑领域，该方案要求深入开展绿色建筑行动，政府投资的公益性建筑、大型公共建筑以及各直辖市、计划单列市及省会城市的保障性住房全面执行绿色建筑标准；到 2015 年，城镇新建建筑绿色建筑标准执行率达到 20%，新增绿色建筑 3 亿平方米，完成北方采暖地区既有居住建筑供热计量及节能改造 3 亿平方米；以住宅为重点，以建筑工业化为核心，加大对建筑产品生产的扶持力度，推进建筑产业现代化。针对公共机构，要求完善公共机构能源审计及考核办法；推进公共机构实施合同能源管理项目，将公共机构合同能源管理服务纳入政府采购范围；开展节约型公共机构示范单位建设，将 40% 以上的中央国家机关本级办公区建成节约型办公区；2014—2015 年，全国公共机构单位建筑面积能耗年均降低 2.2%，力争超额完成"十二五"时期降低 12% 的目标。同时，还要求强化技术创新、先进技术推广应用等技术支撑，完善价格政策、强化财税支持、推进绿色融资，尤其要积极推行市场化节能减排机制，包括实施能效领跑者制度、建立碳排放权和节能量及排污权交易机制、推行能效标识和节能低碳产品认证、强化电力需求侧管理。

3.2.2　健全建筑节能标准体系

"十二五"以来，我国发布实施了多项建筑节能设计标准、建筑节能和绿色建筑评价等标准，如《夏热冬暖地区居住建筑节能设计标准》(JGJ 75—2012)、《农村居住建筑节能设计标准》(GB/T 50824—2013)、《节能建筑评价标准》(GB/T 50668—2011)、《城市照明节能评价标准》(JGJ/T

307—2013)（自 2014 年 2 月 1 日起施行）、《绿色建筑评价标准》（GB/T 50378—2014）（自 2015 年 1 月 1 日起实施）、《绿色工业建筑评价标准》（GB/T 50878—2013）（自 2014 年 3 月 1 日起实施）、《绿色办公建筑评价标准》（GB/T 50908—2013）（自 2014 年 5 月 1 日起实施）、《绿色医院建筑评价标准》（CSUS/GBC 2—2011）、《绿色校园评价标准》（CSUS/GBC 04—2013）（自 2013 年 4 月 1 日起实施）、《民用建筑绿色设计规范》（JGJ/T 229—2010）、《建筑工程绿色施工评价标准》（GB/T 50640—2010）、《绿色保障性住房技术导则》（试行，自 2014 年 2 月 1 日施行）、《节能量测量和验证技术通则》（GB/T 28750—2012）。此外，还编制了《既有建筑改造绿色评价标准》《绿色生态城区评价标准》《绿色建筑运行维护技术规范》《被动式超低能耗绿色建筑技术导则（居住建筑）》等。尤其是对《公共建筑节能设计标准》进行了全面修订，全面提升围护结构热工性能、冷热源设备及系统的强制性要求，新修订的版本《公共建筑节能设计标准》（GB 50189—2015）自 2015 年 10 月 1 日起实施。《民用建筑能耗标准》（GB/T 51161—2016）自 2016 年 12 月 1 日起实施，是我国第一次尝试从总量控制出发给出建筑用能上限参考值，参考建筑用能规划，对北方供暖、公共建筑用能（不包括北方供暖用能）和城镇住宅（不包括北方供暖用能）三个方面给出了相应的能耗指标，并对建筑用能领域强度的约束性指标和引导性指标进行了规定，该标准的实施将是我国建筑节能领域从"怎么做"转为"耗能多少"的重要一步。

目前，我国已建立覆盖不同气候区、不同建筑类型、不同能源种类的建筑节能领域国家标准体系，并初步建立了从一星到三星的绿色建筑技术标准体系。此外，全国 20 个省份因地制宜建立了 100 多项地方性建筑节能相关标准，北京、天津等地方已制定并实施新建建筑"节能75%"的标准；河北、黑龙江等地方出台了适用于超低能耗绿色建筑设计、评价的标准规范，河北省出台了国内首部《被动式低能耗居住建筑节能设计标准》（自2015年5月1日起实施），这也是世界范围内继瑞典《被动房低能耗住房规范》后的第二个有关被动房的标准，标志着我国被动房发展竖立了新的里程碑。

3.2.3　实施经济激励政策

3.2.3.1　财政补贴

"十二五"期间，对公共建筑节能改造重点城市、高校建筑节能改造示范项目，中央财政都给予财政资金补助，补助标准原则上为20元/平方米，并综合考虑节能改造工作量、改造内容及节能效果等因素确定。对于北方采暖地区既有居住建筑供热计量及节能改造项目，中央财政奖励标准在"十二五"前3年将维持2010年标准不变，即严寒地区55元/平方米、寒冷地区45元/平方米，2014年后进行了调减。根据2010年6月财政部、国家发展和改革委员会联合印发的《合同能源管理财政奖励资金管理暂行办法》，财政资金对合同能源管理项目按年节能量和规定标准给予一次性奖励，奖励资金由中央财政和省级财政共同负担，其中，中央财政奖励标准为240元/吨标准煤，省级财政奖励标准不低于60元/吨标准煤。有条件的地方，可视情况适当提高奖励标准。2012年财政部、住房和城乡建设部发布《关于完善可再生能源建筑应用政策及调整资金分配管理方式的通知》，为支持可再生能源建筑应用省级示范，将部分补助资金切块下达到省，由省级财政、住房和城乡建设部门统筹安排。2012年4月，财政部、住房和城乡建设部联合发布了《关于加快推动我国绿色建筑发展的实施意见》，明确要建立高星级绿色建筑财政政策激励机制，其 2012 年奖励标准为：二星级绿色建筑 45 元/平方米，三星级绿色建筑 80 元/平方米；奖励标准将根据技术进步、成本变化等情况进行调整。然而自 2015 年 5 月起，原有的节能技术改造财政奖励、合同能源管理财政奖励、夏热冬冷地区既有建筑节能改造补贴等政策已全部停止。

3.2.3.2　税收优惠

建筑节能的税收优惠政策主要包括企业所得税优惠、增值税优惠和营业税优惠。在我国现行企业所得税法中，对于采用环保设备、采用资源综合利用及从事环保、节能节水项目的企业和项目等，给予了一些优惠政策。增值税优惠包括：对销售生产原料中掺兑废渣比例不低于30%的特定建材产品实行免征增值税政策；对销售部分新型墙体材料产品实现的增值税实行即征即退 50%；对增值税一般纳税人生产的黏土实心砖、瓦，一律按适用税率征收增值税，不得采用简易办法征收增值税；对销售自产的以建（构）筑废物、煤矸石为原料生产的建筑砂石骨料免征增值税，同时要求生产原料中建（构）筑废物、煤矸石的比重不低于90%。营业税优惠主要针对合同能源管理项目，2010 年 12 月颁布的《关于促进节能服务产业发展增值税、营业税和企业所得税政策问题的通知》规定，对符合条件的节能服务公司实施合同能源管理项目，取得的营业税应税收入，暂免征收营业税；对符合条件的节能服务公司实施合同能源管理项目，可享受节能项目企业所得税"三免三减半"政策。2013 年，国家发布了《关于落实节能服务企业合同能源管理项目企业所得税优惠政策有关征收管理问题的公告》，增强了合同能源管理税收优惠政策的可操作性。

3.2.3.3　金融优惠

2012 年中国银监会印发了《绿色信贷指引》，督促银行业金融机构从战略高度推进节能减排等绿色信贷工作。2013 年银监会又印发了《关于绿色信贷工作的意见》，进一步推动绿色信贷发展。银监会牵头建立了绿色信贷统计制度，将建筑节能和绿色建筑项目纳入其 12 类节能环保项目和服务之中，并完善了绿色信贷考核评价体系；在《能效信贷指引（修改稿)《中，明确将建筑节能列为能效信贷业务的重点领域，并要求加大对符合《绿色建筑行动方案》绿色建筑项目的信贷支持力度。

3.2.3.4　价格政策

自 2011 年起，国家开始推行居民生活用电试行阶梯电价政策，把居民每个月的用电分成三档，并增加了针对低收入家庭的免费档，在保障居民基本用电需求的基础上，对超过当地标准的居民用电执行更高电价。2013 年出台了《关于完善居民阶梯电价制度的通知》，要求全面推行居民用电峰谷电价，尚未出台居民用电峰谷电价的地区，要在 2015 年底前出台，由居民用户选择执行；已经出台的地区，要根据实施情况和电力负荷变化情况及时调整和完善。

3.2.4　"十三五"时期建筑节能减排的主要目标

自 2016 年以来，国家又陆续发布了《"十三五"全民节能行动计划》《建筑节能和绿色建筑发展"十三五"规划》《建筑业发展"十三五"规划》《国务院办公厅关于大力发展装配式建筑的指导意见》《关于促进绿色消费的指导意见》《北方地区冬季清洁取暖规划（2017—2021 年)《等一系列政策文件，明确了节能减排目标，为建筑行业相关节能减排工作提供指导。

2016 年 12 月，国家发展和改革委员会、科技部、工业和信息化部、财政部、住房和城乡建设部、交通运输部等 13 个部门联合发布了《"十三五"全民节能行动计划》，强调要把节能贯穿于经济社会发展全过程和各领域，形成党政机关及公共机构率先垂范、企业积极行动、公众广泛参与的全民节能氛围，推动能源生产和消费革命，大幅提高能源资源开发利用效率，有效控制能源消耗总量，确保完成"十三五"单位国内生产总值能耗降低 15%、2020 年能源消费总量控制在 50 亿吨标准煤以内的目标任务，加快建设能源节约型社会，促进生态文明建设，推进绿色发展。提出了十大节能行动计划，即节能产品推广行动、重点用能单位能效提升行动、工业能效赶超行动、建筑能效提升行动、交通节能推进行动、公共机构节能率先行动、节能服务产业倍增行动、居民节能行动、节能重点工程推进行动。其中，建筑能效提升行动包括大幅提升新建建筑能效、深化既有居住建筑节能改造、大力推行公共建筑节能运行与改造、优化建筑用能结构等内容。公共机构节能率先行动要求："十三五"时期，公共机构单位建筑能耗降低 10%，公共机构人均能耗降低 11%。

2017 年 2 月，住房和城乡建设部发布了《建筑节能和绿色建筑发展"十三五"规划》，要求坚持全面推进、统筹协调、突出重点、以人为本、创新驱动的原则，从城市到农村，从单体建筑到城市街区（社区），从规划、设计、建造到运行管理，从节能绿色建筑到装配式建筑、绿色建材，把节能及绿色发展理念延伸至建筑全领域、全过程及全产业链，并与国家能源生产与消费革命、生态文明建设、新型城镇化、应对气候变化、大气污染防治等战略目标相协调、相衔接，凝聚政策合力，提高发展效率。"十三五"时期，建筑节能与绿色建筑发展的总体目标是：建筑节能标准加快提升，城镇新建建筑中绿色建筑推广比例大幅提高，既有建筑节能改造有序推进，可再生能源建筑应用规模逐步扩大，农村建筑节能实现新突破，使我国建筑总体能耗强度持续下降，建筑能源消费结构逐步改善；建筑领域绿色发展水平明显提高。具体目标是：到 2020 年，城镇新建建筑能效水平比 2015 年提升 20%，部分地区及建筑门窗等关键部位建筑节能标准达到或接近国际现阶段先进水平；城镇新建建筑中绿色建筑面积比重超过 50%，绿色建材应用比重超过40%；完成既有居住建筑节能改造面积 5 亿平方米以上，公共建筑节能改造 1 亿平方米，全国城镇既有居住建筑中节能建筑所占比例超过60%；城镇可再生能源替代民用建筑常规能源消耗比重超过 6%；经济发达地区及重点发展区域农村建筑节能取得突破，采用节能措施比例超过 10%。其中，城镇新建建筑能效提升、城镇绿色建筑占新建建筑比重、实施既有居住建筑节能改造、公共建筑节能改造面积的目标为约束性目标。

2017 年 5 月，住房和城乡建设部发布了《建筑业发展"十三五"规划》，明确要牢固树立和贯彻创新、协调、绿色、开放和共享发展理念，以落实"适用、经济、绿色、美观"建筑方针为目标，以推进建筑业供给侧结构性改革为主线，以推进建筑产业现代化为抓手，以保障工程质量安全为核心，以优化建筑市场环境为保障，推动建造方式创新，深化监管方式改革，着力提升建筑业企业核心竞争力，促进建筑业持续健康发展。该规划提出了"十三五"建筑业发展的市场规模、产业结构调整、技术进步、建筑节能和绿色建筑发展、建筑市场监管、质量安全监管的目标，明确了深化建筑业体制机制改革、推动建筑产业现代化、推进建筑节能与绿色建筑发展、发展建筑产业工人队伍、深化建筑业"放管服"改革、提高工程质量安全水平、促进建筑业企业转型升级、积极开拓国际市场、发挥行业组织服务和自律作用九项重点任务。其中，建筑节能和绿色建筑发展目标为：城镇新建民用建筑全部达到节能标准要求，能效水平比 2015 年提升 20%；到 2020 年，城镇绿色建筑占新建建筑比重达到 50%，新开工全装修成品住宅面积达到 30%，绿色建材应用比例达到 40%；装配式建筑面积占新建建筑面积比例达到 15%。

2016 年 9 月，国务院办公厅发布的《国务院办公厅关于大力发展装配式建筑的指导意见》，要求坚持标准化设计、工厂化生产、装配化施工、一体化装修、信息化管理、智能化应用，提高技术水平和工程质量，促进建筑产业转型升级。同时，提出了发展装配式建筑的具体工作目标：以京津冀、长三角和珠三角三大城市群为重点推进地区，常住人口超过 300 万的其他城市为积极推进地区，其余城市为鼓励推进地区，因地制宜发展装配式混凝土结构、钢结构和现代木结构等装配式建筑；力争用 10 年左右的时间，使装配式建筑占新建建筑面积的比例达到 30%；同时，逐步完善法律法规、技术标准和监管体系，推动形成一批设计、施工、部品部件规模化生产企业，具有现代装配建造水平的工程总承包企业以及与之相适应的专业化技能队伍。

2016 年 2 月，国家发展和改革委员会、中共中央宣传部等十部门联合发布了《关于促进绿色消费的指导意见》，提出按照绿色发展理念和社会主义核心价值观要求，加快推动消费向绿色转型。加强宣传教育，在全社会厚植崇尚勤俭节约的社会风尚，大力推动消费理念绿色化；规范消费行为，引导消费者自觉践行绿色消费，打造绿色消费主体；严格市场准入，增加生产和有效供给，推广绿色消费产品；完善政策体系，构建有利于促进绿色消费的长效机制，营造绿色消费环境。到2020年，绿色消费理念将成为社会共识，长效机制基本建立，奢侈浪费行为得到有效遏制，绿色产品市场占有率大幅提高，勤俭节约、绿色低碳、文明健康的生活方式和消费模式基本形成。

2017年12月，由国家发展和改革委员会、国家能源局、住房和城乡建设部等十部委联合发布了《北方地区冬季清洁取暖规划（2017—2021年)《。为了提高北方地区取暖清洁化水平，减少大气污染物排放，该规划对推进北方地区冬季清洁取暖工作进行了总体部署，要求坚持清洁替代、安全发展，因地制宜、居民可承受，全面推进、重点先行，企业为主、政府推动，军民一体、协同推进基本原则，并明确了工作目标。规划要求，到2019年，北方地区清洁取暖率达到50%，替代散烧煤（含低效小锅炉用煤）7400万吨。到2021年，北方地区清洁取暖率达到70%，替代散烧煤（含低效小锅炉用煤）1.5亿吨；供热系统平均综合能耗降低至15千克标准煤/平方米以下；北方城镇地区既有节能居住建筑占比达到80%。力争用5年左右时间，基本实现雾霾严重城市化地区的散煤供暖清洁化，形成公平开放、多元经营、服务水平较高的清洁供暖市场。同时，规划对"2+26"个京津冀大气污染传输通道的重点城市提出了更高要求，截至2019年，"2+26"重点城市城区清洁取暖率要达到90%以上，县城和城乡接合部（含中心镇）达到70%以上，农村地区达到40%以上。截至2021年，"2+26"重点城市城区全部实现清洁取暖，35蒸吨以下燃煤锅炉全部拆除；县城和城乡接合部清洁取暖率达到80%以上，20蒸吨以下燃煤锅炉全部拆除；农村地区清洁取暖率达到60%以上。

3.3 中国建筑行业温室气体减排的工作基础和困难

我国政府高度重视节能减排工作，党中央、国务院提出的推进能源生产与消费革命、走新型城镇化道路、全面建设生态文明和把绿色发展理念贯穿城乡规划建设管理全过程等发展战略，为建筑行业温室气体减排指明了方向；广大人民群众节能环保意识日益增强，对建筑居住品质及舒适度、建筑能源利用效率及绿色消费等密切关注，为建筑节能减排发展奠定了坚实群众基础。

同时，"十二五"时期，我国建筑节能和绿色建筑发展取得重大进展，为未来建筑行业温室气体减排奠定了较好的工作基础。全国城镇新建民用建筑节能设计标准全部修订完成并颁布实施，节能性能进一步提高；城镇新建建筑执行节能强制性标准比例基本达到100%，累计增加节能建筑面积70亿平方米，节能建筑占城镇民用建筑面积比重超过40%。全国省会以上城市保障性安居工程、政府投资公益性建筑、大型公共建筑开始全面执行绿色建筑标准，推广绿色建筑面积超过10亿平方米。既有居住建筑节能改造全面推进，北方采暖地区共计完成既有居住建筑供热计量及节能改造面积9.9亿平方米，夏热冬冷地区完成既有居住建筑节能改造面积7090万平方米。公共建筑节能管理不断强化，全国33个省市（含计划单列市）开展了能耗动态监测平台建设，并在全国实施公共建筑节能改造面积1.1亿平方米。可再生能源建筑应用规模持续扩大，截至2015年底，全国城镇太阳能光热应用面积超过30亿平方米，浅层地能应用面积超过5亿平方米，可再生能源替代民用建筑常规能源消耗比重超过4%。此外，全国有15个省级行政区域出台地方建筑节能条例，江苏、浙江率先出台绿色建筑发展条例，这些都为建筑行业节能减排提供了有力支撑。①

随着我国城镇化的持续快速推进，城镇化进程正处于窗口期，建筑总量仍将持续增长，而且建筑能耗具有锁定效应；经济发展处于转型期，主要依托建筑提供服务场所的第三产业将快速发展；人民群众生活水平处于提升期，对居住舒适度及环境健康性能的要求不断提高，大量新型用能设备进入家庭，建筑能耗和温室气体排放增长的压力不断加大，因此做好建筑行业温室气体减排的重要性和紧迫性更加凸显。

目前，建筑行业温室气体减排还面临不少问题和困难，主要包括以下六方面：

一是城乡建设规划问题。在城镇化发展过程中对城市规模缺乏合理控制，每年新建建筑不断攀升，导致一些地方新建建筑和拆除建筑与实际经济发展需求不匹配，造成不必要的资源浪费和温室气体排放。

二是建筑节能标准问题。我国的建筑节能设计标准要求与同等气候条件发达国家相比仍然偏低，标准执行质量参差不齐；城镇既有建筑中仍有约60%的不节能建筑，能源利用效率低，居住舒适度较差；绿色建筑总量规模偏小，发展不平衡；农村地区建筑节能刚刚起步，推进步伐缓慢。而且，我国建筑节能设计标准仍以提高建筑性能和设备效率为

---

① 住房和城乡建设部．建筑节能与绿色建筑发展"十三五"规划 [Z]．2017．

主，从"节能 50%"提高到"节能 65%"，但即使提高到"节能 75%"，与欧洲发达国家建筑节能标准的差距仍然很大。需要尽快建立基于整体建筑能耗要求的建筑节能规范，实施更加严格的建筑节能标准。

三是技术支撑问题。在城乡规划和建筑设计中缺乏一体化设计的理念；被动式超低能耗建筑、装配式建筑等建造技术有待提高；可再生能源在建筑领域应用形式单一，与建筑一体化程度不高；节能建筑材料、设备质量参差不齐，市场监管乏力，对优质工程的支撑保障能力不强。

四是能力建设问题。从业人员缺乏建筑节能减排的相关知识，技术培训不够，不能识别有效实施节能减排的机会。对建筑行业减排较多关注运行阶段，对建造阶段的关注不够，相关能力建设有待强化。

五是市场机制问题。建筑节能减排主要依靠行政力量约束及财政资金投入推动，市场配置资源的机制尚不完善。尤其是中共十八届三中全会以来，我国政府推动全面深化改革工作，减少政府审批项目，努力让市场在资源配置中发挥决定性作用，节能专项资金作为专项资金之一正面临重大调整甚至取消，节能减排的投融资模式亟待创新。

六是部门协同问题。建筑行业温室气体减排不仅与国家发展和改革委员会、住房和城乡建设部的职能有关，还与土地使用规划审批、供热管网铺设、电网改造、公共机构、农村建设、建筑用能系统和设备选型、建筑材料等有密切关系，涉及国土规划部门、能源局、国管局、工信部和农业部等多个部门，因此如何有效协调面临巨大的挑战。

第4章

国际上建筑行业温室气体减排
经验及启示

国际社会高度重视建筑行业温室气体减排，并普遍把提高能效作为主要途径。根据国际能源署（IEA）的研究，如果建筑行业在全球范围内实施节能措施，到2050年相比趋势照旧情景可减少83%的温室气体排放。本章重点阐述欧盟国家和美国针对建筑节能减排实施的政策措施，总结G20成员促进建筑节能减排的经验，介绍国际能源署以及全球环境基金、联合国等国际组织对提高建筑能效、促进建筑节能减排的政策建议，并分析国际经验对我国的启示。从发达国家促进建筑行业温室气体减排的实践经验看，重点关注建筑运行使用阶段，主要采取提高能效、降低建筑实际能耗、鼓励使用可再生能源等政策措施，国际经验为我国提供了宝贵的借鉴。

4.1　欧盟国家的政策经验

为了应对气候变化、改善能源安全，不少发达国家提出并实施"绿色新政"，纷纷增加对低碳领域的投入，促进全社会低碳发展。其中很多政策措施是针对建筑领域的，如建筑节能改造计划、光伏屋顶计划、近零能耗建筑计划等，这些政策不仅有助于降低建筑领域的化石能源消耗量和二氧化碳排放量，还促进建筑节能环保技术的创新，促进绿色建材、节能环保、可再生能源等相关产业的发展。

　　标准和管制政策工具是欧盟用于温室气体减排的基础性工具，包括法律、规章、指令、授权等，能源效率是其中最主要的标准管制对象，并且从单纯的提高能效，开始转向对能源消费总量的控制。欧盟国家还实施了规定能源总量中可再生能源比例的"可再生能源配额制"。建筑领域正努力发展近零能耗建筑。

　　欧盟 2002 年颁布的《欧盟建筑能源效率指导政策（EPBD）（2002）》是欧洲各成员国在建筑能源利用方面所遵循的一个主要政策，到 2010 年，大部分欧洲国家都依据其实际情况执行了该政策。EPBD 及 2002 年、2003 年提出的其他欧盟建筑节能政策，主要目标均是在充分考虑室内舒适度要求和成本效益的前提下，提高建筑物的能源利用效率，鼓励实施的措施也是各项建筑保温材料、高效节能技术的应用。2006 年以后，欧盟出台的节能政策开始提出总量目标，如欧盟 2006 年出台的《欧洲可持续、竞争力、安全能源战略》绿皮书、2007 年出台的《欧洲能源政策》，首次提出欧盟到 2020 年减少能源消耗 20% 的目标（同欧盟 2020 年基准情景下的能耗比下降 20%），并要求各成员国要明确节约能源的"责任目标"，依照各国的经济与能源政策特点，确定主要的节能领域以便迅速采取落实措施。2008 年欧盟《气候行动和可再生能源一揽子计划》提出了"20-20-20"目标，即到 2020 年将欧盟温室气体排放量在 1990 年基础上减少 20%、可再生能源在总能源消费中比例提高到 20%（包括生物质燃料占总燃料消费的比例不低于 10%）、能源效率提高 20%。2014 年 1 月，欧盟公布新的气候变化和能源政策，明确欧盟到 2030 年向低碳经济转型的三个阶段性目标路径，即温室气体排放量将比 1990 年减少 40%；可再生能源在能源消费结构中的占比提高到至少 27%；进一步提高能效。相比 2008 年的政策，新政策提高了量化的减排目标，但对提高能效不再作量化规定。相应的建筑节能措施也由原来单纯提高性能变成能源证书推广、零能耗及近零能耗建筑的推广、被动房建筑的推广等关注建筑终端用能量的政策措施和技术方法。

2010 年，欧盟发布了 EPBD 的修订版，最主要的变化就是提出了 2020 年近零能耗建筑目标，将建筑节能目标从提高能效转变为控制最终能耗，同时也提出其他目标，包括：要求所有进行综合改造的建筑达到节能标准；要求成员国应保证建筑的最小能耗必须在最具成本效益的水平上达到；强化新建建筑和既有建筑（在售或在租）的能效认证；等等。2010 年 2 月欧盟发布《近零能耗建筑计划》，要求 2020 年 12 月 31 日前所有新建建筑需达到近零能耗水平；2018 年 12 月 31 日前所有公共建筑需达到近零能耗水平；欧盟成员国需制订 2015 年中期计划；对于既有建筑，成员国需采取措施使之成为近零能耗建筑。各成员国也可根据本国情况提出更高要求 。

德国是欧洲最大的经济体，德国政府十分重视建筑节能相关的法规、标准体系的制定和更新。德国自 2002 年开始实施《节能条例》（EnEV），至今共经历了 4 次修订（2004 年、2007 年、2009 年和 2014 年），其颁布和实施促使德国的建筑能效逐步提升。2005 年，建筑能源证书正式被加入《建筑节能法》，将建筑物的终端能耗作为建筑节能的核心；2009 年和 2014 年的《建筑节能法规》中对于新建建筑单位面积一次能耗的规定不断降低，陆续提出了能耗降低 30% 和 25% 的目标。德国建筑能耗标准平均每三年更新一次，且每次更新都有较大幅度的提升。德国现行的《节能条例》（2014 年版）所规定的"低能耗建筑标准"要求建筑年采暖能耗不得大于 30~60 千瓦时/（平方米·年），这也是目前德国的平均水平，而且完全技术可行、经济合理。

　　法国建筑节能的思路变迁与德国类似，建筑节能法规也经历了从技术措施的导则到关注实际运行能耗的变化过程。法国目前最新的一部建筑节能规范 RT 2005（2006 年）提出了 2020 年以前建筑能耗比 2000 年降低 40%的目标。该规范规定了不同建筑类型和供暖方式的住宅供暖和生活热水的单位面积能耗上限；鼓励使用可再生能源满足供暖和生活热水的消费。

　　综上所述，从欧盟国家的政策来看，已从单纯关注建筑能效的提高逐步转向建筑实际能耗的降低，并出台诸如能耗评级、近零能耗建筑、被动房建筑、三升油建筑等以降低建筑实际能耗为主要目标的一系列政策，同时行为节能的效果也逐渐得到了重视。总之，欧盟国家主要采取提高能效、降低建筑实际能耗、鼓励使用可再生能源等政策促进建筑领域温室气体减排。

4.2   美国的政策经验

美国推进建筑节能减排的政策思路与欧洲有所不同，其主要目标包括照明能效提高、电器能效提高和联邦政府运行管理能效提升等，并将推动建筑节能减排作为新的经济增长点。

美国的建筑节能标准已有 30 多年历史，主要由非政府组织制定。居住建筑节能标准采用由国际规范委员会在 1998 年制定的国际节能规范 IECC，每三年更新一次，现行的居住建筑节能标准（IECC 2012）能效水平比其 1975 年的居住建筑能效水平提高了约 50%；公共建筑的节能标准是由美国供暖、制冷与空调工程师协会（ASHRAE）制定的 ASHRAE 90.1 标准，现行标准的能效水平比其 1975 年的公共建筑能效水平提高了约 60%。这两个标准的主要作用在于提高建筑本身和建筑内各用能系统的效率，并给出了具体的做法和指导。美国建筑节能的政策手段主要包括建立建筑规范，提高电器标准，为用户提供标示信息以及出台高能效建筑的激励措施等。美国的 ASHRAE 正努力推动达到零能耗建筑标准，ASHRAE 90.1 标准要求的能耗水平到 2030 年将比 2010 年水平减少 50%，ASHRAE 189.1 标准、先进节能设计导则分别计划到 2032 年、2022 年达到零能耗建筑水平。

美国加利福尼亚州（以下简称加州）是全球应对气候变化的先行者，也是美国节能低碳政策的领跑者。加州政府高度重视应对气候变化和能源可持续发展，加州制定的很多能源政策经常被美国其他州所借鉴并采纳。加州能源委员会是加州应对气候变化和能源可持续发展的目标、规划和政策制定者及主要执行者。

近几年，加州政府提出了雄心勃勃的应对气候变化和能源可持续发展目标：到 2020 年，温室气体排放水平达到 1990 年的水平；到 2030 年，温室气体比 1990 年减少 40%，到 2050 年，比 1990 年减少 80%。而在提高能效和发展可再生能源方面，要求到 2030 年建筑能效比目前提高一倍，车辆的单位里程燃油消耗减少一半，可再生能源发电占本州电力消费总量的 50%。

目前，美国加州已制定综合推进建筑节能减排的路线图，明确了更加严格的建筑节能标准。加州政府要求 2020 年时加州全部新建居住建筑必须是净零能耗建筑（ZNE）、2030 年时全部新建公共建筑必须是净零能耗建筑、2030 年时有 50% 的既有公共建筑必须改造成净零能耗建筑。针对既有建筑，加州制订了"既有建筑能效提升行动计划"，从加强政府指导、利用大数据决策、推动建筑行业创新、发现高能效建筑的市场价值、可承担和可获得的能效解决方案五个方面提出了具体措施。其中的"发现高能效建筑的市场价值"，指通过政府出面来改进房地产价值的市场评估方法，将建筑能效列入评估指标之中，并占据更高的比重。这一做法使能效更高的建筑在市场销售（或出租）时，能够得到更高的售价（或租金），吸引更多消费者关注并购买（或租赁）高能效建筑。

加州政府还制定了"加州清洁能源就业法案"，为政府机构、获得特许的学校、社区大学等的能源项目提供赠款资金，使其在提高能效、增加清洁能源电力份额的同时，创造更多与能源可持续发展相关的就业岗位。

此外，加州政府还制定了家用电器的最低能耗和水耗标准，标准范围已经覆盖美国市场销售的绝大部分家电和办公用能设备。加州在过去率先制定的很多家电能效标准最后都演变成为美国乃至国际通用的家电能效标准。

4.3　G20 成员的政策经验

作为世界主要经济体，G20 成员（包括中国、美国、日本、德国、法国、英国、意大利、加拿大、俄罗斯、欧盟、澳大利亚、南非、阿根廷、巴西、印度、印度尼西亚、墨西哥、沙特阿拉伯、土耳其、韩国）的国民生产总值约占全世界的 85%，人口将近世界总人口的 2/3，G20 成员消费了世界 80% 以上的能源，温室气体排放量占全球的 80% 左右。G20 成员一直致力于建筑领域节能减排的努力，政策经验总结如下：

（1）高度重视建筑节能标准和标识工具，普遍制定了建筑节能标准，其中大部分是强制性标准，各标准要求的侧重点差异性较大，对建筑围护结构保温性能、采暖空调通风、热水、照明的要求较多。

（2）对电器和照明设定最低能效标准（MEPS）。G20 所有国家均有电器和照明的强制能效要求，一些国家只有 MESP 或强制性标识中的一种，而有的国家两者都存在。各国对照明都有明确的能效政策，包括强制能效标准、强制能效标识。冰箱、冷藏柜、洗衣机、采暖和空调设备通常采用强制能效标识方式明确能效标准。较少国家对电视、视听设备提出能效要求，对电视机而言，自愿标识比强制标识要多一些。

（3）出台财政金融激励政策。G20 成员中的发达国家尤其注意经济激励的可持续性，并开发了复杂的经济工具来支持能效激励。这些国家强调既有建筑节能改造，经济激励通常用于支持低收入家庭、淘汰低效设备、热能设备的检查和控制。而其他国家缺乏开发高效的财政金融能效激励政策工具经验，缺乏知识、高风险、货币问题以及缺乏提供激励的详细信息是主要障碍。这些国家的财政激励主要关注高效电器和照明、太阳能热水器和建筑节能措施。

（4）设立太阳能热水器推广目标。自1990年以来，G20很少有国家把太阳能热水系统相关要求纳入建筑节能标准中。但自2000年后，太阳能热水器推广目标政策在G20成员很快扩散开，其中，财政激励政策在扩大太阳能热水器市场方面发挥了重要作用。南非、印度、墨西哥、美国虽然太阳能资源很好，但太阳能热水器普及较少，每千人拥有量低于8平方米（印度不到4平方米）；在中国，每千人太阳能热水器拥有量超过100平方米［中国的太阳能辐射资源约1600千瓦时/（平方米·年）］。从G20其他国家看，太阳能辐射资源与太阳能热水器拥有量有明显的正相关性。

（5）其他措施。大部分政策措施是针对公共建筑的，如能源管理师、能源报告、提高节能意识和信息传播的活动。G20成员中也有白色证书及其他各国不同的具体措施，如法国"既有建筑改造信息服务"、澳大利亚"生活更绿色"网站，可通过电话或网站为消费者提供一个平台，帮助了解可能的能效提升项目、最佳的金融解决方案；印度的在线对标网站，可用于收集建筑能效数据、帮助用户开展建筑能效对标；英国、法国都设有能效认证数据库；中国的生物质炉推广活动是克服信息不对称的成功案例，政府负责开展公众宣传、准备培训课程，地方政府负责炉具的质量控制。

4.4 其他经验

4.4.1 国际能源署的政策建议

国际社会普遍把提高能效作为应对气候变化的主要途径。国际能源署（IEA）研究表明，要想将2050年全球温升控制在2℃以内，从全球角度看，2030年之前，提高能效的贡献占57%左右，是最主要的温室气体减排途径；对我国而言，提高能效的贡献占79%，作用更加突出。如果在全球范围内实施建筑行业的节能措施，到2050年可以减少58亿吨二氧化碳，相比趋势照旧情景减少83%的温室气体排放[①]。

IEA根据全球的节能减排实践经验，总结提炼了25条政策建议，其中与建筑领域相关的政策建议如下：

4.4.1.1 制定跨部门支持政策

制定跨部门支持能效提升的政策，包括增加能效投资，明确国家能效战略和目标，充分地监管、执行和评估，终端能源消费数据收集，等等。

---

① 国际能源署. 建筑采暖制冷设备节能技术路线图［Z］. 2011.

4.4.1.2　制定和实施强制性的建筑节能标准

对新建建筑还没有强制性能效标准的政府应该抓紧制定和执行，并定期更新这些标准；目前已有强制性新建建筑的能效标准的政府则应该进一步强化这些标准；新建建筑的能效标准应由国家或地方政府来制定，并且以30年寿命期内总费用最小化为目标。

4.4.1.3　发展被动式房屋和零能耗建筑

政府应该支持和鼓励建造超低能耗或净零能耗建筑，并要确保这些建筑在市场上能被普遍接受；政府应设定一个目标，如到2020年前新建建筑中被动式房屋和零能耗建筑的所占市场份额目标；把被动式房屋和零能耗建筑当成将来更新建筑能效标准规范的标杆。

4.4.1.4　既有建筑节能改造

政府应系统收集既有建筑能效方面的信息，以及识别能效方面的障碍；计算建筑能效方面的标准化指标，以便于国际比较、监测和最佳实践案例的选择；基于这些信息，政府应构建"一揽子"措施来解决建筑能效中最主要的障碍，包括设定一些标准来确保所有建筑在翻新时能提高能效、增强建筑节能意识、提升建筑能效收益的市场知名度等。

4.4.1.5　建筑物认证

政府应采取措施使建筑物能效收益更加明显，并提供主要节能机会的信息，包括确保建筑物的购买者和租户能获得建筑物能效和主要节能机会相关信息的强制性建筑用能认证机制，以及确保建筑领域从业人员任何时候都能获取建筑能效信息的机构。

4.4.1.6　提高窗户和其他镶玻璃部位能效

政府应制定"一揽子"政策以便提高窗户和其他镶玻璃部位的能

效，包括基于寿命期内成本最小原则确定窗户和其他镶玻璃部位的最低能效要求，要求窗户和玻璃产品制造商为其产品提供能效标识，开展高效窗户示范项目及实施高能效窗户的政府采购政策。

4.4.1.7　推广高能效家用电器

政府应实施强制性用能性能要求或能效标识，并与国际最佳实践水平的家电和设备能效进行比较；安排充足的资源来确保严格坚持并使这些要求得到有效执行；启动用电设备的低能耗模式，限制待机能耗，减少联网电器设备的能耗；制定确保电视、电视机顶盒和数字电视适配器满足更高能效要求的政策；审视检测标准和度量协议，以便国际比较和对标。

4.4.1.8　推广高效照明的最佳实践

政府应在商业和经济可行情况下尽快淘汰低能效的白炽灯；出台组合政策，确保非住宅建筑能用上高效低成本的照明系统；鼓励在远离电网地区采用高效的照明系统替代基于燃料的照明系统，如太阳能照明设备的推广。

4.4.1.9　鼓励公共事业单位帮助终端用户实施节能

政府和公共事业管理者应考虑建立一种机制，让公共事业单位承担能效方面的义务，让公共事业单位的收入和利润与能源销售额分离开，并允许节能量以平等的价格补偿能源销售额的减少量；这类义务也可以被设计成符合任何公共事业单位承担的有关强制性或自愿性的二氧化碳减排目标。

4.4.2　加速建筑能效的城市领导者行动

联合国人人享有可持续能源的倡议旨在于 2030 年前，将全球能效改善的步伐加快一倍。通过建筑设计、施工管理和技术进步实现更好的节能建筑，避免城市"锁定"低效建筑数十年，是实现全球可持续发展目标的关键。如果要实现这一宏伟目标，地方政府需要与国家政策保持一致，并且能够也必须发挥重要作用。全球环境基金、联合国、世界资源研究所组织全球数十位专家提出了拟首要面向城市领导者的加速建筑能效八类行动①。

行动 1：建筑节能规范和标准

属于法规工具，要求在设计、施工/运营新建或既有建筑或其系统时符合最低能效水平要求。如果规范和标准设计良好并且得到妥善实施，它们将以成本有效的方式减少建筑寿命期能耗费用。

行动 2：能效改善的目标

属于减少能源消耗目标，可由地方政府在城市层面设定，或为其自身的公共设施或租用建筑设定。城市政府还可以设立自愿目标，意在激励私有部门开展建筑节能工作。

行动 3：能效性能信息和认证

使建筑业主、管理者和承用户获得相关信息，从而制定能源管理决策。透明和及时的信息使决策制定者和城市领导者得以评估建筑能效，并追踪达成目标的进度。建筑能效信息相关政策，包括建筑能效审计、建筑物设备再检验规定、建筑能效评级和认证项目，以及实施建筑能效信息公示。

行动 4：激励和融资

可以帮助节能项目克服经济障碍，如与前期成本和"激励脱节"

---

① 世界资源研究所. 加速建筑能效：城市领导者的八项行动 [EB/OL]. http://www.wri.org/buildingefficiency.

相关的问题。这类政策包括赠款和抵扣、节能债券和抵押贷款、税收优惠、建筑许可证优先处理、房屋面积限额、债券和抵押贷款、循环贷款、专项授信额度，以及风险分摊机制。

行动 5：政府牵头以身作则

政府通过相关政策和开展示范项目，为节能建筑创造更高的市场需求和认可度。实现方式包括改善公共建筑群、公私合作伙伴关系（PPP）试点项目、设定更高节能标准和宏伟目标、鼓励或强制采购节能产品和服务，以及通过市政合同能源管理项目招标，刺激合同能源服务市场的发展。

行动 6：推动私人建筑的业主、管理者、租户参与

可以通过技术措施激发建筑的利益相关方采取行动，包括建立节能建筑的地方合作伙伴关系、"绿色租赁"导则，还可以采取行为机制的措施，包括引入竞赛和奖励、用户通过查询机或计算机显示信息的反馈机制，以及实施战略能源管理活动。

行动 7：推动技术和金融服务提供商参与

可促进技术和商业模式的发展，从而满足和加速对能效的需求，包括对技术人员和采购人员进行合同能源管理机制（EPC）培训，以及与金融行业合作规范投资条款、降低交易成本、建立流动资金循环贷款基金或专项信贷额度，或考虑投资风险公私分担工具。

行动 8：与公共事业单位合作

该行动可更好地获取相关用能数据，并支持公用事业单位使其客户变得更节能，这些计划包括提供用能数据获取渠道、公共事业公共利益基金、票据融资、收益与销售额脱钩和需求响应计划等。

4.5　国际经验对中国的启示

从国际发达国家推进建筑节能减排的实践经验来看，主要采取提高能效、降低建筑实际能耗、鼓励使用可再生能源等政策促进建筑领域温室气体减排。发达国家对建筑运行阶段非常重视，而对建筑建造阶段关注很少，主要原因在于发达国家已完成了城镇化进程，建筑存量中既有建筑占比很高，新建建筑比例很小，而且从建筑全寿命期看，建筑运行阶段的能耗和排放都占主导地位。我国既有建筑存量大，新建建筑规模也很大，但是我国具有后发优势，建筑领域节能减排既要借鉴发达国家经验，也要结合我国国情，因地制宜，通过更好的建筑设计、施工和运营维护来达到建筑行业温室气体减排的目标。

总结发达国家的实践经验，可以得到以下几点启示：

4.5.1　重视建筑领域节能减排

国际社会高度重视建筑领域的节能减排工作，认为建筑领域的节能减排潜力巨大，通过节能和提高能效可以显著减少建筑行业的温室气体排放。IEA 研究指出，如果在全球范围内实施建筑行业的节能措施，到 2050 年可减少 58 亿吨 CO_2 的排放，相比趋势照旧情景减少 83% 的温室

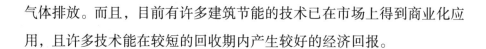

气体排放。而且，目前有许多建筑节能的技术已在市场上得到商业化应用，且许多技术能在较短的回收期内产生较好的经济回报。

4.5.2 明确建筑领域能源战略

制定国家应对气候变化和能源可持续发展的战略，建筑领域明确发展近零能耗建筑、零能耗建筑的目标和路线图，并将建筑节能目标从单纯提高能效转变为控制建筑整体的最终能耗。

4.5.3 使用建筑节能减排政策工具

制定和实施强制性的建筑节能标准，把建筑节能规范和标准作为建筑节能减排最重要的政策工具。由于各国实际情况不同，建筑节能标准涉及的内容有所差异，但是大部分会对建筑围护结构的保温性能、采暖、空调、热水、照明等建筑用能系统的效率或整栋建筑用能性能提出要求。同时，也非常重视建筑节能标准的更新，如德国的建筑能耗标准平均每三年更新一次，且每次更新都有较大幅度的提升。

4.5.4 实施能效标识制度

实施强制性能效标识制度，普遍对家用电器和照明设定最低能效标准，推广应用高效的家电和照明产品。

4.5.5 重视既有建筑的节能改造

既有建筑的节能改造包括深度节能改造，政府从信息公开、能力建设、融资等方面提供支持。例如，美国加州政府制订的"既有建筑能效提升行动计划"，从加强政府指导、利用大数据决策、推动建筑行业创新、发现高能效建筑的市场价值以及可承担和可获得的能效解决方案五个方面提出了具体措施。

4.5.6　重视可再生能源建筑应用

重视可再生能源建筑应用，特别是太阳能热水器在建筑上的应用，设立太阳能热水器推广目标。

4.5.7　激发利益相关方有效开展节能减排工作

通过信息公开、经济激励、政府以身作则、人员培训、商业模式创新等手段，激发建筑行业利益相关方积极采取行动，有效开展建筑节能减排工作。

第5章

中国建筑行业温室气体减排机会分析

本章重点对建筑行业温室气体减排机会进行详细分析。建筑行业温室气体减排重点关注建筑建造阶段和建筑运行使用阶段，根据其温室气体排放的影响因素，可识别出建筑行业温室气体减排路径，提出建筑技术进步、用能结构优化、建设模式转变三种类型的减排机会，并对各减排机会的技术特点、经济性、发展潜力及如何实施进行具体分析。

5.1　对建筑行业温室气体减排机会的识别

建筑物的建造和使用过程都会消耗能源，并产生温室气体排放。广义的建筑能耗包括建筑材料生产、建筑营造等建筑建造过程能耗以及建筑运行过程能耗，建造过程能耗取决于建筑业的发展，与建筑运行能耗属于完全不同的范畴；建筑运行能耗，指建筑物使用过程中能源的消耗，包括采暖、空调、通风、热水、照明、电梯及各类建筑物内所用电器等能耗，狭义的建筑能耗仅指建筑运行能耗。在建筑的全寿命期中，近80%的能耗和二氧化碳排放发生在建筑物使用过程中，可见，建筑物运行使用过程中的温室气体减排应是主要的关注点。建筑行业温室气体减排机会，将以建筑运行使用阶段的温室气体减排机会为分析重点，同时也考虑建筑建造阶段的减排机会。本指南涉及的建筑指民用建筑，不包括服务于工业和农业生产的建筑，即供人们居住和进行公共活动的建筑，按使用功能分为居住建筑和公共建筑两大类。

建筑运行使用阶段产生的温室气体排放，主要指因能源消耗产生的二氧化碳排放，按照排放源类型分为直接排放和间接排放。直接排放是指消耗的化石燃料燃烧产生的二氧化碳排放等，是由建筑的使用者自身拥有或控制的排放源所产生的排放。间接排放是指建筑使用者外购的电力、热力的排放，购入的电力、热力在生产过程中消耗化石燃料产生的二氧化碳排放。建筑运行阶段的二氧化碳排放量由能源消费量与排放因子相乘得到，排放因子与能源结构有关。根据其影响因素，减少建筑活动水平（如减少建筑总面积、减少家电的保有率等）、提高能源利用效率（如提高建筑节能设计标准、提高建筑用能系统和设备的能源效率、优化建筑用能系统运行等）、能源替代（如可再生能源建筑应用、余热利用等）是温室气体减排的主要路径。

建筑建造阶段的碳排放主要来源于所消耗的建材生产过程产生的碳排放。根据其影响因素，减少建筑建设面积、减少单位建筑面积的建材消耗量（如推广应用高性能的钢材、水泥等绿色建材）、减少单位建材生产的二氧化碳排放因子是温室气体减排的主要路径。

所谓减排机会，应是针对具体利益相关者可实施的、减排潜力大、经济可行的机会。房屋建设和使用过程涉及诸多环节的相关利益主体，如政府、业主建设单位、规划设计单位、施工单位、监理单位、材料设备供应商、公共事业单位、节能服务公司、租户、物业管理公司、银行等。其中，建设、规划设计、施工、监理这四方单位最直接地参与建筑工程项目的建设，物业管理单位负责建筑物的日常运营和维护，如图5-1所示。

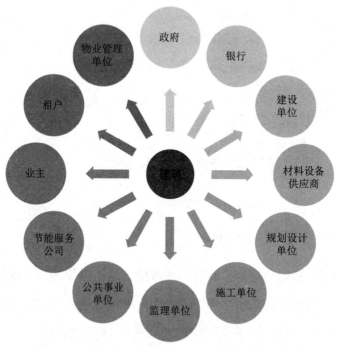

图5-1 建筑建设和使用过程的利益相关方

本指南把减排机会分成技术、结构及模式三大类，诸如推广被动式超低能耗建筑、采用高能效设备和产品、优化用能系统运行等带来温室气体减排的机会属于技术进步的机会；应用可再生能源、减少终端煤炭消费占比等优化能源结构带来温室气体减排的机会属于结构优化的机会；转变城乡建设模式、倡导绿色生活方式带来温室气体减排的机会属于模式转变的机会。具体而言，技术类减排机会主要包括：推广被动式超低能耗建筑、开展既有建筑深度节能改造、提高建筑用能系统效率、应用高效的家电和办公设备；结构类减排机会包括：可再生能源建筑应用、利用低品位工业余热供暖、提高建筑终端电气化水平；模式类减排机会包括：控制建筑面积总量、发展装配式建筑、推广应用绿色建材。

5.2 建筑技术进步减排机会分析

5.2.1 推广被动式超低能耗建筑

被动式超低能耗建筑，即被动式房屋，是指采用各种节能技术构造最佳的建筑围护结构和室内环境，最大限度地提高建筑保温隔热性能和气密性，使建筑物对供暖和制冷需求降到最低的建筑。同时，通过各种被动式建筑手段，如自然通风、自然采光、太阳能辐射得热和室内非供暖热源得热等来实现室内舒适的热湿环境和采光环境，最大限度地降低对主动式机械供暖和制冷系统的依赖或完全取消这类设施。

自 1991 年在德国达姆施达特市建成世界上第一栋真正意义上的被动式房屋以来，被动式房屋显示了很大的发展空间和潜力。到 2013 年底，德国就已经有 60000 多栋被动式房屋，并以每年新增 3000 栋的速度增长。如今，"被动式房屋"在欧洲已经成为推广范围最广的建筑标准。德国对被动式房屋的气密性、建筑物总用能、供暖需热量和供暖负荷、制冷、室内舒适度指标都有明确要求，例如，建筑总用能（一次能源）≤120 千瓦时/（平方米·年）、供暖需热量≤15 千瓦时/（平方米·年）。

我国自 2009 年中德合作开展"中国被动式—低能耗建筑示范项

目"以来，已有秦皇岛"在水一方"、哈尔滨"辰能溪树庭院"、株洲"惠天然城市公园二期"及青海"丽水湾小区"等一批被动式建筑试点示范项目落成并运行使用，全国各气候区、各类建筑都有被动房试点示范项目正在建设之中。截至 2018 年底，我国各类超低能耗建筑示范工程面积达 400 万~500 万平方米。实践证明，现有条件下我国北方地区推广被动式房屋，在改善居住环境的同时还可以大幅度降低建筑能耗，从而也减少建筑用能导致的温室气体排放，技术上是可行的、经济上是可承受的。秦皇岛"在水一方"被动房项目案例显示，北方地区被动式房屋采暖能耗<15 千瓦时/（平方米·年），约为北方城镇居住建筑平均采暖能耗（执行"节能 65%"标准）的 1/4，换言之，供暖能耗可以节省约 70%，而成本只增加约 12%①。北方城镇供暖能耗是我国建筑运行能耗的重要组成部分，2015 年北方城镇供暖能耗占全国建筑运行能耗的 22%②，北方地区推广被动式房屋可大幅节省采暖能耗，从而大幅减少建筑运行的能耗和二氧化碳排放。

推广被动式房屋的实施主体是业主、房地产开发商、设计单位和施工单位，主要针对新建建筑，尤其是北方地区建筑，包括居住建筑、公共建筑，也可在建筑的改造、扩建中参照被动式房屋要求进行建设。推广被动式房屋，需要业主或房地产开发商在决策环节、设计单位在设计环节、施工单位在施工环节把握机会，实现被动式超低能耗建筑的节能减排效果。

从技术层面来看，关键要秉承"被动优先，主动优化，经济实用"的原则，在满足建筑物所在地的气候和自然条件下，通过合理平面布

---

① 住房和城乡建设部科技发展促进中心. 被动式居住建筑在中国推广的可行性研究报告 [R]. 2013.
② 清华大学建筑节能研究中心. 中国建筑节能年度发展研究报告 2017 [M]. 北京：中国建筑工业出版社，2017.

局，有效利用天然采光和自然通风，提高建筑围护结构保温隔热和气密性能，采用太阳能利用技术及室内非供暖热源得热等各种被动式技术手段，进而实现建筑节能减排，并获得舒适的室内物理环境质量。重点是要提高建筑围护结构的热工性能，如采用高性能保温隔热材料、Low-E玻璃、可变遮阳、断热桥技术、密封技术等，以及应用高效热回收新风系统等。我国首部被动式房屋设计的地方标准——河北省《被动式低能耗居住建筑节能设计标准》［DB13（J）/T177—2015］自 2015 年 5月 1 日起实施，该标准是世界范围内继瑞典《被动房低能耗住宅规范》后第二部有关被动式房屋的标准。该标准提出了被动式房屋的定义和规定，对被动式房屋的基本设计原则、热工和能耗计算规定、热工计算、采暖负荷和能耗计算、冷负荷和空调能耗计算、房屋总的一次能源计算项目和计算方法、围护结构设计、照明和遮阳设计、通风系统设计、关键材料和产品性能、防火设计、施工方法，以及被动式房屋的测试、认定条件、各种建筑能耗转化成一次能源和二氧化碳排放量的计算方法、运行管理等都提出了具体要求和基本做法，该标准明确规定了被动式房屋总用能（一次能源）≤120 千瓦时/（平方米·年）、采暖能耗≤15千瓦时/（平方米·年）。住房和城乡建设部正在编制的 2019 年 1 月发布的《近零能耗建筑技术标准》（GB/T 51350—2019），以 2016 年现行的节能设计标准为基准，分别提出"超低能耗建筑""近零能耗建筑""零能耗建筑"的定义和控制指标。超低能耗建筑是近零能耗建筑的初级表现形式，其室内环境参数与近零能耗建筑相同，能效指标略低于近零能耗建筑，其建筑能耗水平应较国家标准《公共建筑节能设计标准》（GB 50189—2015）和行业标准《严寒和寒冷地区居住建筑节能设计标准》（JGJ 26—2010）、《夏热冬冷地区居住建筑节能设计标准》（JGJ 134—2016）、《夏热冬暖地区居住建筑节能设计标准》（JGJ 75—2012）降低

50%以上（而近零能耗建筑应至少降低60%～75%）。零能耗建筑是近零能耗建筑的高级表现形式，其室内环境参数与近零能耗建筑相同，充分利用建筑本体和周边的可再生能源资源，使可再生能源年产能大于或等于建筑全年全部用能的建筑。在建筑迈向更低能耗的方向上，根据能耗目标实现的难易程度表现划分的三种形式——超低能耗建筑、近零能耗建筑和零能耗建筑，属于同一技术体系，基本技术路径都是通过建筑被动式设计、主动式高性能能源系统及可再生能源应用，最大限度地减少化石能源消耗。

从发展潜力来看，我国未来新建建筑面积还将进一步增加，提高新建建筑中被动式超低能耗建筑市场占比潜力较大。目前，我国人均建筑面积仍较小，随着经济社会发展、生活水平提高，建筑面积还将进一步增加，如果到2050年我国城乡人均居住建筑面积和第三产业从业人员人均公共建筑面积均达到发达国家在相似发展阶段中的较低水平，如城镇/农村人均居住建筑面积、第三产业从业人员人均建筑面积分别控制在46平方米、50平方米，那么居住建筑总面积将从2010年的408亿平方米增长到2050年的630亿平方米，公共建筑面积将从2010年的120亿平方米增长到2050年的230亿平方米，2010—2050年仅城镇居住建筑平均每年要新建10亿平方米以上[①]。可见，大幅提高新建建筑中被动式超低能耗建筑的占比将显著减少建筑能源消费，从而也显著减少温室气体排放。

然而，推广被动式超低能耗建筑仍面临一些障碍：一是认识问题，被动式超低能耗建筑在我国出现的时间较短，全社会对其认知度不高；二是技术问题，被动式超低能耗建筑设计往往需要采用一体化设计的理

---

① 张建国，谷立静. 重塑能源：中国 面向2050年能源消费和生产革命路线图（建筑卷）[M]. 北京：中国科学技术出版社，2017.

念，目前缺乏大量被动式超低能耗建筑的专业技术人员；三是标准问题，我国现行的建筑节能设计标准主要是对建筑围护结构热工性能和采暖空调系统等专项用能系统提出了要求，而不是对整栋建筑能效水平提出要求，但被动式超低能耗建筑需要对整栋建筑物的用能性能明确要求；四是建材质量保障问题，市场上缺乏高性能的窗户、空气密封产品等节能建材产品，对节能建材的质量监管不够，影响一体化设计方案的有效落实；五是施工问题，被动式超低能耗建筑需要精细化施工，对施工人员素质要求较高，需要训练有素的产业工人队伍。

5.2.2 开展既有建筑深度节能改造

既有建筑节能改造是指对不符合民用建筑节能强制性标准的既有建筑围护结构、采暖空调通风系统、照明系统等实施节能改造的活动。针对不同气候区、不同建筑类型的节能改造侧重点有所不同，对北方城镇居住建筑，应以建筑围护结构、供热计量、管网热平衡改造为重点；对公共建筑，以采暖空调通风、照明、热水、电梯等用能系统的节能改造为主，以便提高用能系统优化运行水平；对夏热冬暖、夏热冬冷气候区的居住建筑，主要以建筑门窗、外遮阳、自然通风为重点进行改造；对农村居住建筑，重点可结合农村危房改造推进绿色农房建设。由于北方地区城镇建筑能耗较大，仅北方城镇采暖能耗就占全国建筑能耗的近1/4，而且北方城镇建筑节能改造还涉及民生改善问题，应是既有建筑节能改造的重点。此外，公共建筑的数据中心是能耗大户，也是节能改造需要关注的重点。大型数据中心建筑中，IT设备的能耗约占46%，制冷和空调能耗占到35%，而且占比还在上升。绿色数据中心将是未来发展方向，在理想状态下，通过采取节能降耗措施，在满足同等IT设备供电情况下，绿色数据中心可以降低空调能耗20%~45%。

从发展潜力来看，需要改造的既有建筑量大面广。我国既有建筑存量巨大，2016 年全国民用建筑面积（不包括工业建筑和农村生产性用房）约为 581 亿平方米，其中，城镇住宅约 231 亿平方米、农村住宅 233 亿平方米、公共建筑 117 亿平方米、北方城镇建筑采暖面积 136 亿平方米[1]。目前，城镇民用建筑中节能建筑占比刚超过 40%，而且执行的建筑节能标准要求较低，因此随着时间的推移，部分节能建筑也需要进行改造。国内外一些实践表明，运用一体化设计理念，对既有建筑进行深度节能改造，尤其在北方采暖地区，可以减少 30% 以上的建筑能耗，从而大量减少温室气体排放，同时显著改善建筑室内舒适性，并提升房屋价值。

从技术策略来看，需要因地制宜选择适宜的技术。既有建筑的节能改造通常不是单一技术能完成的，往往是多种技术集成优化、有机组合的结果，技术策略包括需求最小化和供给最优化。就居住建筑而言，提高建筑围护结构的热工性能，降低建筑采暖、制冷等有用能负荷是最主要的策略。近年来，国际上高性能保温材料、Low-E 玻璃、可变遮阳、空气密封等建筑围护结构技术发展很快，为挖掘建筑节能潜力提供了技术支撑。例如，智能窗户，一种选择性"热变色"窗户，美国能源部可再生能源实验室大楼已在应用这种窗户，它可根据外窗格玻璃温度变化来改变热量传入量，同时保证等量可见光的正常传入，在寒冷冬日传入的太阳热量是其在炎热夏天正午传入太阳热量的 5 倍以上。

从投资成本来看，既有建筑节能改造的成本各地差异性较大。北方城镇地区既有居住建筑节能改造，围护结构、供热计量、管网热平衡节能改造成本一般在每平方米建筑面积 220 元以上。根据实际调研，北

---

① 清华大学建筑节能研究中心. 中国建筑节能年度发展研究报告 2018 [M]. 北京：中国建筑工业出版社，2018.

京、天津、河北、黑龙江等地的既有城镇居住建筑节能改造成本在
250~420元/平方米。如以唐山市河北1号小区节能改造项目为例，该
项目的建筑面积约11000平方米，改造后采暖面积10179.94平方米，
具体节能改造的项目及单位面积造价为：外墙外保温工程91元/平方
米、屋面改造工程55元/平方米、门窗改造工程79元/平方米、室内暖
气改造工程90元/平方米、其他50元/平方米，合计单位建筑面积节能
改造的造价约为365元/平方米；该项目改造前、后的建筑物耗热量计
算值分别为25.9瓦/平方米、12.01瓦/平方米，改造后的节能率超过
了50%，取得了显著的节能减排效果[①]。

国际经验也表明，在技术经济可行的前提下，既有建筑通过深度节
能改造，可以节省20%~50%的能源消费量，甚至更多。各国对深度节
能改造没有统一的定义，欧盟国家通常将用于建筑围护结构和建筑设备
系统改造的相关费用超过建筑价值的25%，或者超过25%的建筑围护
结构面积涉及改造的情形，认为是深度节能改造。从国际经验来看，设
立既有建筑深度节能改造的目标、制定适合既有建筑的节能标准、公开
建筑用能信息、实施与节能改造配套的经济激励政策是促进既有建筑节
能改造的主要政策措施。欧盟国家正在推进"近零能耗"建筑节能改
造，通过开展"近零能耗"建筑节能改造项目示范、制订具体的城市
行动计划、克服利益相关者实施障碍、创新设计竞赛、节能效果宣传等
进行推广，目前在欧盟的既有建筑节能改造市场可以通过"智慧和整
合的近零能耗建筑节能改造措施推广项目"找到一些最佳实践案例。

在既有建筑实施节能改造过程中，还应综合考虑既有建筑多功能改
造和提升问题，然而，现实的各项改造工作往往缺乏统筹，如平屋顶改
成坡屋顶、加装电梯、消防改造、危房改造、整治拆墙打洞等，导致多

---

① 刘月莉，等. 既有居住建筑节能改造 [M]. 北京：中国建筑工业出版社，2012.

次改造施工带来能源资源浪费和温室气体排放增加。

开展既有建筑深度节能改造的实施主体主要是政府、业主或租户、节能服务公司，政府可从实现节能减排目标、改善民生角度提出既有建筑节能改造的目标任务，并提供资源支持具体节能改造项目的实施；业主或租户可从改善居住条件、节省能源费用、提升房屋价值等角度找到开展建筑节能改造的驱动力；节能服务公司按市场机制帮助业主实施节能改造项目。

然而，实施既有建筑节能改造项目还面临资金、市场化机制、基础信息等方面的障碍。一是资金筹措困难，既有建筑节能改造需要巨额资金的投入，况且，我国既有建筑总量大、分布范围广，建设年代各异，设计依据标准不一，结构形式多样，产权关系复杂，尤其是居住建筑，很难明确筹措节能改造费用的责任主体。二是市场化机制较弱，既有建筑节能改造项目中，通常单个项目的节能量较小、投资回收期较长，投融资模式缺乏创新，市场主体的投资积极性不高，目前国内的既有居住建筑节能改造项目大多由政府主导，政府补贴力度的大小显著影响既有居住建筑节能改造的进展。三是建筑能耗信息透明度不够，一方面，各地区对既有建筑相关信息的摸底调查不充分，对既有建筑能耗现状和改造潜力了解不够，对节能改造的必要性、可行性、投入收益比和投资回收期等分析不足，既有建筑节能改造的重点对象不清晰；另一方面，市场主体难以获得建筑能耗的相关信息，难以发现节能减排机会。四是技术支撑问题，采用单一技术较多，缺乏系统集成解决方案，节能减排潜力挖掘不充分。

5.2.3　提高建筑用能系统效率

提高建筑用能系统效率是降低建筑终端能源消耗、减少温室气体排放的重要途径。在提供相同建筑能源服务的情况下，采暖空调通风、热水、照明等建筑用能系统的能效水平越高，所消耗的终端能源越少，建筑用能导致的温室气体排放也越少。

提高建筑用能系统效率的实施主体包括业主或租户、物业公司、节能服务公司、设计单位等。在建筑用能系统设计选择、运行维护阶段都有机会提高建筑用能系统效率。

首先，选择合理的用能方式。选择合理的建筑用能方式是提高建筑用能系统效率的前提，尤其是新建的建筑用能系统。建筑用能系统主要包括采暖空调通风系统、热水系统、照明系统、电梯系统等。由于采暖能耗在建筑总能耗中占比较大，采暖系统效率的提高对建筑物节能减排影响较大。就北方城镇建筑而言，宜采用集中供暖的方式，并且热源应以热电联产和工业余热利用为主。在具备城市供热管网时，应优先考虑热电联产的方式，扩大热电联产的供热比例，而且通过技术进步，如采取基于"吸收式换热循环"的热电联产集中供热方法，大幅度提高热网供热能力，提高电厂供热能力，热电联产的单位面积平均供热煤耗有望下降30%~50%。同时，推广以室温调节技术为核心的集中供热末端分户调节及热费计量分摊技术，杜绝过量供热浪费。对于没有条件建设或接入城市热网的建筑，可采用各种清洁高效的分散供暖方式，如燃气分户壁挂炉、空气源热泵等。但是，对于被动式超低能耗建筑，由于建筑本身所需的供暖负荷较小，从经济性考虑，不宜采用集中供暖系统，可以选择空气源热泵等分散供暖方式进行补充。

在我国的长江流域地区，包括上海、安徽、江苏、浙江、江西、湖南、湖北、四川、重庆等地区，城镇住宅建筑约有60亿平方米，城镇居民约2亿人。长期以来，该地区住宅冬季室内温度普遍较低、热舒适性较差，随着生活水平的提高，居民提高冬季室内温度的呼声日渐高涨，该地区的采暖能耗将是我国未来建筑能耗的潜在增长点。针对该地区的采暖问题，就不宜采用类似北方地区的大规模集中供暖方式，而适宜采用分散可调节的空气源热泵、燃气壁挂炉等分散供暖方式。这需要利益相关者在选择供暖方式时做出科学合理的决策。

其次，优化能源系统运行。在确定合理的建筑用能方式以后，还需要优化建筑用能系统的运行，使用能系统在最佳工况下运行，国际上通常称为"建筑再调适"，即通过修理或替换用能系统中的旧设备，提高已有建筑用能系统的整体效率，从而可以节能能源、减少温室气体排放、提高设备性能，还可提高运行管理人员的技能，增加其经验，提高资产评估价值以及建筑室内环境品质等。

例如，北方集中供暖系统存在热力输配不平衡问题，主要体现在热网水力失调而导致的不均匀供热与建筑物内供热量不均匀这两个方面，包括建筑物之间供热的水平失调以及同一建筑物供热的垂直失调问题，会导致建筑物过量供热损失超过20%。要解决这个问题，一方面需要末端用户主动调节来避免过热，另一方面需要通过热网调节来实现均匀供热。但事实上，目前由于末端用户主动调节供热量的积极性不高，热计量改革的节能效果未能完全体现，热力失调问题没有有效解决；热网调节方面，由于过去没有末端用户供热效果的直接反馈信息，以及热力公司缺乏精细管理，因此集中供热网的供热失调问题一直没有很好地解决。这既需要机制创新，又需要技术支撑。通过改革供热管理模式，把各热力站到末端用户的供热管理独立于一次管网的运行管理，并且采取热力站承办制或合同能源管理机制使得热力站管理的节能收益在保障末端用户供暖质量的前提下通过减少一次热网供热量得以体现，从而调动热力站管理者的积极性；同时，随着供热计量的推广，采用末端通断控制技术，使得管理者可以通过末端反馈的房间温度判断热力失调情况，并通过末端的通断控制阀加以调节。可见，通过"建筑再调适"让供热系统运行在较好的状态，尚能挖掘很大节能减排潜力。

最后，发展智能系统。通过提高智能控制水平和优化建筑整体的用能系统，达到降低建筑实际用能需求的效果，从而减少温室气体排放。依托信息化技术的发展，把信息技术与建筑用能系统的管理有机结合起来，广泛安装建筑能耗实时计量装置、建筑环境自动监测装置等设备，建立建筑能源系统智能控制平台，使建筑管理人员和使用者能够根据智能系统提供的信息及时调整建筑能源系统运行和个人用能方式，实现建筑能源系统运行根据室内环境状态、能源费用价格变化等信息进行动态响应。

5.2.4 应用高能效的家电和设备

随着经济社会发展，居民收入增长将驱动我国家用电器、照明等用能设备保有量的继续增长；随着第三产业的发展，服务业经济活动更加频繁，能源服务水平要求越来越高，办公设备和照明的用能需求将进一步增加。随着技术进步，建筑用能设备的能效水平不断提升，目前各类建筑用能设备大多已有更高效的产品，如有机发光二极管（OLED）电视机可比目前常规的液晶（LCD）电视机节能30%，但是总体来看高效用能产品的普及率还较低，建筑部门推广应用高效用能设备可以带来较多的节能减排机会。同时，也要注意家用电器种类和家电保有量增加对建筑能耗和排放的影响，家电保有量增加将对冲家电能效提高带来的节能减排效果。

目前，一方面，我国能效标识涵盖的家电和办公用能设备产品种类有限，没有向消费者提供足够信息，助其选择最节能的产品；另一方面，消费者能效标识的意识较弱，而且更高的前期投入成本容易妨碍消

费者购买更高效的家电及其他用能设备。我国家用电器、照明及办公用
能设备能效水平普遍低于国际先进水平。根据调研，建筑用能设备普通
效率与高能效水平（国际上已出现的先进产品能效）的比较如图 5-2
所示，显示我国大多数建筑用能设备仍有能效提升的潜力。根据相关研
究测算，如果我国到 2050 年高效设备普及率达到 100%，比高效设备普
及率仅达到 40% 的情景可以节省建筑终端能源消费约 2 亿吨标准煤①。
所以，推广应用高效用能设备带来的节能减排潜力很大。

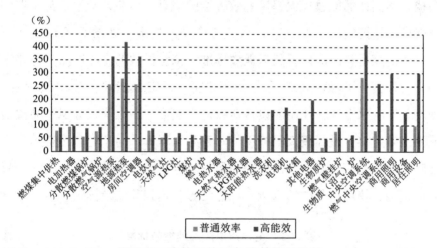

图 5-2　建筑用能设备能效提升比较

注：洗衣机、电视机、冰箱、其他电器、商用照明、商用设备、居住照明的高能效是与普通
能效比较的相对能效，指提供单位服务所需能耗下降带来的虚拟效率提升。

推广应用高能效的家电和设备的实施主体主要包括政府、家电设备
制造商、消费者等。家电和设备能效标准和标识制定、生产、消费者选
购环节都存在提高家电和设备能效的机会。

———————————

① 张建国，谷立静. 重塑能源：中国面向 2050 年能源消费和生产革命路线图（建筑卷）
[M]. 北京：中国科学技术出版社，2017.

推广应用高效家电及其他建筑用能设备。一方面要推行家电和设备的能效限额标准，另一方面通过市场准入等限制条件控制高耗能家电和设备的市场保有率。我国现已实施 64 项家电和设备能效标准，其中家电 20 项、照明 13 项、办公设备 5 项、商用设备 7 项、工业设备 19 项。截至 2017 年 5 月，对已实施的主要家电产品能效标准如表 5-1 所示。我国能效标准分为对能效限定值、能效分级、节能评价值的不同要求，强制性的能效限定值和超前能效限定值是市场准入、淘汰高耗能产品的门槛，强制性的能效标识提供能效分级的信息，节能评价值是自愿性的节能产品认证制度下评价是否为节能产品的标准。如图 5-3 所示，对于常用的家电产品应设置最低能效标准，淘汰低效的家电产品，并要定期开展评估，不断提高最低能效标准要求；实行能效标准"领跑者"制度；完善家电和其他用能设备能效标识制度，扩大能效标识产品覆盖范围；确定接近世界级家电标识的一系列里程碑，向家电和建筑用能设备制造商发出信号，鼓励他们提前研发、制造能效更高的产品。消费者通过选购、使用更节能的家电和用能设备，达到节能减排效果。

表 5-1　主要家电产品的能效标准

标准编号	标准名称	性质
GB 12021.2—2015	家用电冰箱耗电量限定值及能效等级	强制
GB 12021.3—2010	房间空气调节器能效限定值及能效等级	强制
GB 12021.4—2013	电动洗衣机能效水效限定值及等级	强制
GB 12021.6—2017	电饭锅能效限定值及能效等级	强制
GB 12021.7—2005	彩色电视广播接收机能效限定值及节能评价值	强制
GB 12021.9—2008	交流电风扇能效限定值及能效等级	强制
GB 20665—2015	家用燃气快速热水器和燃气采暖热水炉能效限定值及能效等级	强制
GB 32049—2015	家用和类似用途交流换气扇能效限定值及能效等级	强制
GB 30531—2014	商用燃气灶具能效限定值及能效等级	强制
GB 30720—2014	家用燃气灶具能效限定值及能效等级	强制

续　表

标准编号	标准名称	性质
GB 21456—2014	家用电磁灶能效限定值及能效等级	强制
GB 24849—2017	家用和类似用途微波炉能效限定值及能效等级	强制
GB 29539—2013	吸油烟机能效限定值及能效等级	强制
GB 30978—2014	饮水机能效限定值及能效等级	强制
GB 21519—2008	储水式电热水器能效限定值及能效等级	强制
GB 26969—2011	家用太阳能热水系统能效限定值及能效等级	强制
GB 24850—2013	平板电视能效限定值及能效等级	强制
GB 25957—2010	数字电视接收器（机顶盒）能效限定值及能效等级	强制
GB 28380—2012	微型计算机能效限定值及能效等级	强制
GB 21520—2015	计算机显示器能效限定值及能效等级	强制

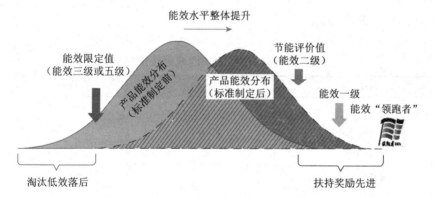

图 5-3　家电和设备能效提升的政策路径

推广应用 LED 照明产品。全球照明用电约占全球用电量的 19%，我国照明用电约占全社会用电的 14%，2016 年，全国照明用电 8288 亿千瓦时，而照明市场中各类建筑中安装的照明产品数量占 85% 以上。全球加速淘汰白炽灯，LED 已成为照明的主流光源，2017 年，LED 照明产品的国内市场渗透率（LED 照明产品国内销售数量/照明产品国内总销售数量）达到了 65%；截至 2017 年底，国内 LED 照明产品的在用量约达 40 亿只（台/套），国内 LED 产品在用量渗透率（LED 照明产品国内在用数量/照明产品国内总在用量）超过了35%。而且，随着LED产业快速发展和技术进步，我国LED产业化光效持续提升，2017年我国功率型白光LED产业化光效达180流明/瓦（lm/W），与国际先进水平基本持平；LED室内灯具光效超过100流明/瓦，室外灯具光效超过120流明/瓦；小面积器件白光OLED光效达到109流明/瓦。[①] 各类建筑中推广应用LED照明产品的市场需求和节能减排潜力巨大，若依据《建筑照明设计标准GB 50034—2013》的照度等相关要求及房屋竣工面积，并以LED光通量估算得到2016年新建建筑照明灯具需求量约7.7亿盏，住宅约4亿盏[②]。根据2016年1月1日开始实施的《LED室内照明应用技术要求》（GB/T 31831—2015），得到照明产品节能减排的技术策略，如表5-2所示。

表5-2　照明产品的节能减排技术策略

传统照明产品	LED产品	节能率
白炽灯	LED球泡灯	78%～84%
自镇流荧光灯		11%～20%
单端荧光灯		43%～50%
T8卤粉荧光灯	直管型LED灯	19%～41%
T5直管荧光灯		8%～35%
卤钨灯	定向LED光源	72%～77%
紧凑型荧光灯筒灯	LED筒灯	28%～52%
T8卤粉支架灯	LED线形状灯	25%～33%
吸顶灯	LED平面灯	34%～42%
格栅灯		28%～40%

---

① 国家半导体照明工程研发和产业联盟.
② 国家半导体照明工程研发及产业联盟产业研究院.2016年中国半导体照明产业发展白皮书［R］.2016.

　　此外，随着直流电机、电力半导体、电能储存、可再生能源发电、燃料电池应用以及IT技术的发展，直流供电的优势不断显现。若家电、照明及其他建筑末端用电设备全部采用直流化供电，可以减少交流与直流之间的转换损失，从而提高能源利用效率。深圳建筑科学研究院已建立了家用电器全直流实验室，正在开展电器直流化的实验研究，国外数据表明，电器直流化可带来5%~10%的效率提升。

　　家电及建筑用能设备的种类很多，下面以空气源热泵设备为例分析节能减排潜力。

　　热泵是通过消耗能源做功，把处在较低温度下的热量提升到较高的温度水平下释放，以满足热量的使用要求。空气源热泵是从室外空气中提取热量，通过风机驱动室外空气流过安装在室外的采热装置，获取室外空气中的热量，再经室内换热器制取热水或热风提供给用户用于房间供热。与直接电加热相比，若满足同样的供热需求，空气源热泵耗电量仅为直接电加热的1/3~1/4，节能效果十分显著。空气源热泵由于取热便捷，在我国的多个气候区都有很强的适用性，是集中供热覆盖不到的地区建筑采暖方式的首选，尤其在室外气温为−10℃~10℃的非极寒地区。由于可直接从室外空气中取热，因此便于小型化就地安装，且安装方便，节省建筑空间。空气源热泵供暖的室内末端形式有多种，可以选择地板辐射供暖，也可以选择室内机末端或风机盘管直接向室内送热风；采用地板辐射采暖时，热泵制备的热水温度为35℃左右即可满足需求，由此可大大提高空气源热泵的能源利用效率。

　　若我国长江流域2亿人口居民选用空气源热泵来满足其冬季采暖需求，与其他采暖方式比可以带来显著的节能减排机会。假如该地区60亿平方米的居住建筑实施类似北方地区的大规模集中供暖方式，每个冬季的供暖能耗强度将达到每平方米8~12千克标准煤，而采用空气源热泵技术供暖，每个冬季的电耗约为每平方米6~8千瓦时（折合2~3千克标准煤），仅为集中供暖方式的 1/4 左右，这样将比采用大规模集中供暖方式节省 5000 万吨标准煤。若与直接电加热采暖相比，假定空气源热泵的制热效率 COP 达到 3，电耗也可节省 2/3，该地区约可节省供暖能耗 2400 万吨标准煤。若从用户实际承担的供暖费用上来看，对于一套 100 平方米的住宅，采用空气源热泵一个冬季大约仅花费 500~600 元，采用燃气壁挂炉约需花费 800~1000 元；而如果采用集中供暖方式，住户一个冬季则需要负担约 1500 元的供暖费。由此可见，推广应用空气源热泵，技术可行、经济合理、节能减排潜力巨大。同时，该地区夏季炎热，制冷需求也较大，较多住户安装同一台热泵空调设备来满足夏季制冷、冬季采暖的需求，若能提高热泵空调设备的最低能耗限额标准，显然可带来制冷、采暖用能的节能减排机会。此外，在广大的北方农村地区，若选用高效的空气源热泵替代低效散煤炉或直接电采暖，也将带来巨大的减排机会，我国仅黄河流域就有约 5000 万农户，存在 1 亿~1.5 亿台空气源热泵的市场需求。

但是，推广应用空气源热泵应注意克服一些障碍：一是技术适用性问题，对于空气源热泵而言，在长江流域地区应用夏季空调与冬季供暖对蒸汽压缩制冷循环的压缩比需求非常接近，是冬季、夏季共用空气源热泵技术的最适宜地区。但是，该地区冬季应用空气源热泵供暖时，容易产生热泵室外蒸发器结露问题。对寒冷地区，在冬季环境温度很低时，空气源热泵的制热效率会大幅下降，并影响使用效果。二是配套条件问题，要解决房屋供热问题，前提条件是房屋有较好的保温和气密性条件，而适合空气源热泵供热的长江流域居住建筑、北方农村建筑普遍保温性能较差，若不改善建筑保温、气密性条件，很难达到理想的供热效果。三是商务模式问题，不同于北方城镇集中供热系统，空气源热泵是分户供热模式，在日常设备运行和技术维护上缺乏专业人员的技术支撑，容易影响用户使用。

5.3 建筑用能结构优化减排机会分析

5.3.1 可再生能源建筑应用

可再生能源建筑应用对建筑节能减排的贡献不同于其他直接提高能效的路径，主要是改变建筑用能供应端的能源结构，通过应用可再生能源满足能源服务需求，替代化石能源的消耗。

我国可再生能源资源禀赋丰富，可再生能源建筑应用规模持续增加，截至 2015 年底，全国城镇太阳能光热应用面积超过了 30 亿平方米，浅层地能应用面积超过了 5 亿平方米，可再生能源建筑替代民用建筑常规能源消耗比重超过了 4%[①]。但是，与我国快速增长的建筑能源消费需求相比，与应对气候变化需要优化能源消费结构、提高可再生能源占比的要求相比，可再生能源在建筑中应用的潜力还有待深入挖掘。"十三五"建筑节能规划也明确要求，既要扩大可再生能源建筑应用规模，又要提升可再生能源建筑应用的质量，到 2020 年城镇可再生能源替代民用建筑常规能源消耗比重要超过 6%[②]。

可再生能源建筑应用的实施主体包括房地产开发商、业主、物业公司、能源服务公司等。

---

① ② 住房城乡建设部. 建筑节能与绿色建筑发展"十三五"规划〔Z〕. 2017.

可再生能源建筑应用主要包括太阳能热利用、太阳能光伏发电、浅层地热能利用以及生物质能利用等形式，替代常规能源满足建筑采暖空调、生活热水、照明、炊事等能源服务需求。可再生能源建筑应用需要结合当地可再生能源资源条件，因地制宜，鼓励就地开发、就地消纳，多能互补。

太阳能热利用技术成熟，应用广泛，主要包括太阳能热水、太阳能供暖、太阳能制冷等，用于生活热水、采暖制冷等能源服务。我国的太阳能热水器已实现市场化运营，拥有完全知识产权，并成为世界上太阳能热水器生产量和安装量最多的国家，2015 年，我国太阳能热水器产业的产值超过了 1000 亿元，累计安装太阳能集热器面积 4.57 亿平方米，约占全球太阳能集热器安装运行总面积的71%，其中用于生活热水供应的市场累计太阳能集热器安装量约占98%（家庭户用太阳能热水器占 90%、宾馆等集中式太阳能热水系统占 8%），其余为太阳能与其他能源结合的复合系统[①]。太阳能热水器或热水系统适合我国绝大部分地区应用，太阳能热水器在小城镇、城乡接合部和广大农村地区应用较多，集中式太阳能热水系统在大中型城市的学校、浴室、体育馆等公共建筑上应用较多。太阳能热水系统的使用效果和节能效果与使用者的生活习惯和节能意识密切相关，对于分户独立式系统，各户之间互不干扰，每户的效果由各户的用法决定，保证了各户的独立调节性，各户可自行支付辅助的能源费用，但是存在不能共享太阳能集热器，以及系统过度复杂和占用空间过多等弊端；对于普通的集中式系统，虽然克服了分散式各户独立系统的系统复杂和占用空间过多的弊端，但是又存在不能适应末端不同的需要、热水长期持续循环导致电耗大幅增加、不利于用户行为节能等问题。可见，推广集中式太阳能热水系统需要谨慎，应优化系统设计克服热水持续循环带来水泵电耗大幅增加的问题，真正提

---

① 胡润青，等. 可再生能源供热市场和政策研究［M］. 北京：中国环境出版社，2016.

高可再生能源利用率。目前，我国太阳能热水器在三大热水器（太阳能热水器、电热水器、燃气热水器）中的市场份额达到了57%，户用太阳能热水器与电、燃气热水器相比，具有很好的经济性，投资回收期一般为2~5年；集中式太阳能热水系统的投资回收期一般为3~6年[①]。

太阳能供热采暖主要是利用太阳能替代常规能源满足建筑采暖用能需求，目前在我国还处于试点、推广阶段，在一些新农村建设和城镇新建建筑中得到了应用。技术虽然成熟，但初期投资高，在没有国家政策支持下，投资回收期较长，市场竞争力弱。在资源丰富地区，太阳能适合与其他能源结合，实现热水、供暖复合系统的应用。除了太阳能热水采暖系统，以空气为传热介质的太阳能空气集热器可应用于太阳能空气采暖系统，具有初投资和运行费低、维护运行方便、无冻结风险等特点，在北方农村地区具有较好的适用性，但目前还很少应用。

太阳能空调是利用太阳能集热系统为吸收式、吸附式等不同形式的制冷系统提供热源，从而达到制冷目的。目前，太阳能空调在欧洲处于推广阶段，而在我国还处于试点示范阶段。太阳能空调技术在实际工程应用中主要存在初投资高、经济性不佳等问题。

地热能具有储量大、分布广、清洁环保、稳定可靠等特点，在建筑中应用，通常与热泵技术结合，主要为建筑提供采暖、制冷和生活热水。地热能的主要应用领域包括浅层地热能、中低温地热热水直接利用、中深层地热，浅层地热能通常位于地表以下200米深度范围内；中低温水热系统深度大概在200米到3千米，既有水又有热；高温地热能大概分布在3千米以上，有热无水，称为干热岩。其中，浅层地热能是地热供热的主要形式，截至2015年底，我国总应用面积达3.92亿平方米，装机容量超过了15吉瓦[②]。目前，浅层地热能供热技术已基本成熟并进入了大规模商业化应用阶段，主要适用于冬季有供热需求和夏季

①②　胡润青，等.可再生能源供热市场和政策研究［M］.北京：中国环境出版社，2016.

有制冷需求的城镇地区，适合办公楼、学校、医院、宾馆及住宅的分布式或分散供暖，以公共建筑应用为主。但是，目前浅层地热能供热项目收费基本参照常规能源供热收费标准（包括一次性入网费和逐年的采暖费），项目整体经济性一般。由于浅层地热能供热系统结构相对复杂，初期投资较高，地埋管地源热泵系统、地下水地源热泵系统、地表水地源热泵系统的单位面积投资分别为 200~300 元/平方米、150~250 元/平方米、100~200 元/平方米。[①] 浅层地热能供热系统的能源费用主要来自热泵和水泵的运行耗电，电价对供热成本影响较大。因此推广浅层地热能在建筑中应用，必须因地制宜，充分考虑应用资源条件和浅层地热能应用的冬夏平衡，合理匹配机组，可以能源托管或其他合同能源管理方式运行管理和能源站，提高运行效率。中深层地热能供热主要适用于地热资源条件较好、地质条件便于回灌的地区，重点在松辽盆地、渤海湾盆地、河淮盆地、江汉盆地、汾河—渭河盆地、环鄂尔多斯盆地、银川平原等地区，代表地区包括京津冀、山西、陕西、山东、黑龙江、河南等。

生物质在建筑中主要用于供热、农村炊事等能源服务，我国生物质供热以生物质热电联产和生物质锅炉供热为主。生物质热电联产技术是以生物质为燃料的热电联供系统技术，相对纯生物质发电机组，农林生物质的热电联产的综合热效率可提高 20%~25%。我国的生物质热电联产尚处于起步发展阶段，已建生物质电厂周边的热需求用户普遍不足，大多数地区热力价格不足以平衡生物质热力供应的经济成本，热电联产并没有广泛应用。生物质锅炉是指以生物质燃料为原料的供热锅炉，可以新建，也可以对既有燃煤锅炉进行改建。生物质锅炉供热布局灵活，适用范围广，主要可用于替代城市燃煤锅炉供暖，或应用于学校、医院等公共建筑的热力供应，还可应用于居民采暖、生活热水等生活用能。

---

① 胡润青，等. 可再生能源供热市场和政策研究［M］. 北京：中国环境出版社，2016.

目前运行中的生物质锅炉项目最大规模为 80 蒸吨/h，年消耗成型燃料 10 万吨，年供应蒸汽 50 万吨。生物质锅炉供热分成型压块锅炉供热、成型颗粒燃料供热和农林剩余物直燃供热三类，我国主要采用成型压块锅炉供热。目前，生物质成型压块燃料生产技术成熟，但价格普遍高于煤炭，不具备竞争优势，只比油气有竞争力，但是生物质锅炉的效率可达到燃煤锅炉的效率，而烟气排放指标优于燃煤锅炉，具有良好的环境效益。推广生物质锅炉供热，主要还面临原料收集供应体系不成熟、标准体系不健全、监管服务体系不完善、经济竞争性不强等问题。

城市污水热能利用。从民用建筑排出的生活污水在冬季温度一般可达 20℃左右，高于地下水温度，是很好的热源。当建筑周围有污水大干管时，有可能利用原生污水（没有处理、直接排出的污水）作为低温热源。精心设计和运行的原生污水热泵系统，可以使蒸发器温度在 8℃以上，从而获得较好的能源利用性能。污水源热泵系统适用于污水资源较丰富的城区。采用污水源热泵系统，规划上需要科学统筹，若沿着污水管道密集布置污水源热泵装置，反复从污水中提取热量，将导致下游用户的污水温度太低从而达不到应有的取热效果；技术上需要注意污浊物污染腐蚀和堵塞取热换热器的问题。

农村生物质利用。我国农村地区生物质资源丰富，然而生物质能在农村地区生活用能中的占比由 20 世纪 80 年代的 80% 下降到目前的 40% 左右，农村地区用能正从非商品能源为主逐步转向煤炭、电力等商品能源为主，而且农村地区生物质能利用的效率普遍较低。可以采用秸秆固化成型和高效清洁炉具技术，改变传统秸秆燃烧利用方式，提高生物质能利用效率及其在农村生活用能中的比例，从而替代更多的化石能源消耗。综上可见，可再生能源供热技术种类较多，每项技术的适用范围、技术经济性能存在差异，如表 5-3 所示，实际应用时必须因地制宜，选择适宜的技术。

表5-3 可再生能源供热技术比较

技术种类	太阳能供热		生物质供热		地热能	
	太阳能热水	太阳能供暖	供热锅炉	热电联产	中深层地热能	浅层地热能热泵
适用范围	全国适用，多层建筑（12层以下）	集中、分户供暖均可，没有集中供暖区域，采暖期短、热负荷不高的区域	全国适用，原料供应需要保障	全国适用，原料供应需要保障	城市、区域供暖中深层地热能资源丰富区	全国适用，小型建筑或有条件的大型建筑
规模	规模大小均可，每平方米集热器产热水50~80升	规模不宜过大，1平方米集热器配5平方米建筑面积	一般锅炉规模小于20蒸吨/时	锅炉规模可达75蒸吨/时	建筑供暖面积可达数百万平方米	规模大小均可，需要足够的埋管面积或者水域面积
单位投资	1200~1500元/平方米集热器	350~500元/平方米建筑面积	50~70万元/蒸吨	10000~14000元/千瓦	90~150元/平方米建筑面积	100~300元/平方米建筑面积
投资回收期	3~5年	5~10年	5~7年	5~10年	8~9年	5~8年

资料来源：胡润青，等. 可再生能源供热市场和政策研究［M］. 北京：中国环境出版社，2016.

可再生能源电力供热，主要是利用富裕的风电和光伏电力提供热力供应。供热技术与常规的电供热技术相同，目前主要是电锅炉和电热泵。在我国东北、西北弃风、弃光现象严重地区，可以考虑采用可再生能源电力用于居民采暖，并采用储热电锅炉或者电锅炉和储热装置，我国吉林白城已有风电供热的实际应用案例。

太阳能光伏利用，一般利用屋顶或建筑墙面安装太阳能光伏组件进行太阳能电力转换，包括离网的独立式光伏系统和联网的光伏系统，未来发展将以并网的光伏系统为主导，并网的光伏系统既可以把多余的太阳能电力输送到电网上，又可以从电网上获得电力以弥补光伏系统供电的不足。在具备条件的建筑工程中应用太阳能光伏系统，可在建筑屋面和条件适宜的建筑外墙建设太阳能光伏设施，鼓励小区级、街区级统筹布置，"共同产出、共同使用"。随着技术进步，光伏发电成本持续下降，近10年来光伏发电成本下降了约九成，目前已逐渐进入不需要政府补贴的平价市场。

推进可再生能源建筑应用，还需要做好可再生能源资源条件勘察和建筑利用条件调查，开展新建建筑工程可再生能源建筑应用专项论证；强化可再生能源建筑应用运行管理，积极利用特许经营、合同能源管理等市场化模式，确保项目稳定、高效运行；加强基础能力建设，建立健全可再生能源建筑应用标准体系。

5.3.2　利用低品位工业余热供暖

低品位工业余热主要是指工业生产过程中排放的低于200℃的烟气、100℃以下的液体所包含的热量。低品位工业余热由于自身能源品位低下，往往难以用于生产工艺本身或是动力回收，目前利用率普遍较低。以电力行业为例，火力发电的燃煤只有40%左右转化为电，其余全部以废热形式排放掉了，其他工业如钢铁、石化等也排放出大量的可以利用的废热；大多数工业企业仅回收了占排放总量很小比例的余热，主要应用于生活热水、厂区供暖等。工业余热供暖适用于在供暖区域内，存在生产连续稳定并排放余热的工业企业，回收余热，满足一定区域内的供暖需求。

一方面，冬季采暖是北方地区城乡居民的基本民生需求，随着居民生活水平的不断提高，北方地区冬季的采暖需求仍将持续增长。截至

2016 年底，我国北方地区冬季供暖面积约 206 亿平方米，其中，城镇供暖面积约 141 亿平方米，农村供暖面积约 65 亿平方米。从用能结构来看，北方地区取暖使用能源以燃煤为主，燃煤取暖面积约占总取暖面积的 83%，天然气、电、地热能、生物质能、太阳能、工业余热等合计约占 17%。2016 年取暖用煤年消耗约 4 亿吨标准煤，其中散烧煤（含低效小锅炉用煤）约 2 亿吨标准煤，主要分布在农村地区。北方地区供热平均综合能耗约 22 千克标准煤/平方米，其中，城镇约 19 千克标准煤/平方米，农村约 27 千克标准煤/平方米。从热源来看，在北方城镇地区，主要通过热电联产、大型区域锅炉房等集中供暖设施满足取暖需求，承担供暖面积约 70 亿平方米，集中供暖尚未覆盖的区域以燃煤小锅炉、天然气、电、可再生能源等分散供暖作为补充；城乡结合部、农村等地区则多数为分散供暖，大量使用柴灶、火炕、炉子或土暖气等供暖，少部分采用天然气、电、可再生能源供暖。①

另一方面，北方地区工业余热资源丰富。根据清华大学建筑节能研究中心的调研估算，我国北方供热地区冬季 4 个月内排放的低品位余热资源合 4 亿吨标准煤以上，其中电厂余热 3 亿吨标准煤，高耗能工业企业余热 1 亿吨标准煤，燃气锅炉余热 500 万吨标准煤（主要集中在北京、乌鲁木齐等地）。如果利用好这些工业余热资源，对于降低北方集中供热能源消耗、减少二氧化碳排放、治理空气雾霾等具有重要意义。事实上，城镇集中供热是冬季利用低品位工业余热的最佳场合，匹配性好、互补性强，城镇集中供热系统的调控与缓冲能力可以在一定程度上减轻低品位工业余热间断、不稳定的弱点所带来的不利影响。

利用低品位工业余热供暖的实施主体包括政府、供热公司、业主、

① 国家发展改革委，国家能源局，等. 北方地区冬季清洁取暖规划（2017—2021 年）[Z]. 2017.

物业公司。

由于拥有巨大废热资源潜力的热源往往远离城市中心，所以远距离输送热量是否在经济上可行是这些余热能否被利用的关键。目前，清华大学已开发"基于吸收式换热的集中供热技术"，可使热电厂等热源的产热效率提高40%、热网输送能力提高50%以上。据中国工程院报告，依靠大温差的换热技术，可使传统热网的经济输送距离提高一倍；同时，研究还表明热力管网输送成本（包括管网投资、输送能耗和散热损失等）随输送容量增加而降低，当输送容量为5000兆瓦（可满足1亿平方米建筑供热）时，如果工业废热的采集成本低于15元/吉焦，则300公里的长途输送废热供热的成本低于天然气锅炉供热成本，而当供热距离小于100公里时废热供热的成本低于燃煤锅炉供热成本。[①] 一般周边100公里内的废热资源足以解决城市供热需求。

我国的"大温差"余热利用清洁供热技术处于国际领先水平，已经在赤峰热电厂、大同热电厂、太原古交电厂、迁西钢铁厂、赤峰铜厂等地进行了成熟的工程应用，新增供热面积近1亿平方米。例如，大同第一热电厂2×135兆瓦机组余热利用改造工程项目于2010年启动，对部分热力站进行了"大温差"余热利用改造，改造后的热力站热网回水约20℃，未改造的热力站热网回水约45℃，两者掺混后热网回水温度约37℃，因此热电厂供热能力由400万平方米增加至640万平方米，电厂利用余热增加了50%的供热能力。该项目投资约9300万元，其中电厂内部投资4700万元，热力站改造投资4600万元，每个采暖季余热回收收益约1835万元，静态回收期5年左右。由于电厂至供热小区的管线为既有热网管线，管网没有新增投资成本。

---

① 江亿，等．关于全面推广工业废（余）热采暖，大幅缓解北方地区冬季雾霾问题的建议[Z]．中国工程院，2014.

对京津冀地区的调研表明，该地区工业余热资源量为 95 吉瓦，若采用统一的供热大联网，将这一地区的大部分电厂废热以及距离城市较近的工业废热利用起来，辅助于天然气对供热调峰，可以满足约 25 亿平方米的供热面积需要，实现全部县城以上的城市和部分大热网周边乡镇乃至农村的清洁供热，由此需要投资 1800 亿元。每年可替代污染严重的燃煤约 3000 万吨，并节约以蒸汽形式向大气中排放掉的 2 亿吨水，而供热成本仅为天然气供热成本的一半。若整个北方地区采用工业废热供热，形成多个跨省界的大型区域热网，投资需 8000 亿～10000 亿元，将可满足供暖面积约 100 亿平方米，替代污染严重的燃煤 1.5 亿吨，同时每年可节水 10 亿吨。与全部采用天然气采暖相比，相当于替代超过 1000 亿立方米的天然气消耗①。

2015 年，国家发展改革委发布了《余热暖民工程实施方案》，明确提出："充分回收利用低品位余热资源，缓解城镇化过程中快速增长的供热需求与环境压力之间的矛盾"，"到 2020 年建成 150 个示范市（县、区）"。可是，尽管我国在推进低品位工业余热供暖方面政策上有目标、使用上有收益、实践上有范例，从事余热利用的企业也不在少数，低品位余热供暖还是迟迟没有发展起来，目前，北方地区可用于采暖的工业余热量利用率不到 50%。利用低品位工业余热供暖还面临一些体制机制、技术等方面障碍：我国现行城镇供暖体制下，城镇供暖归住建部门主管，而钢铁、水泥、石化等产生余热的生产企业属于工业领域，涉及住建、环保、工信及国资等多个部门，企业要获得许可只能挨个跑手续，何况余热供暖暂时又无明确牵头部门，而且余热供暖项目往往跨省市、跨部门、投资高，涉及各种利益重组，单靠企业力量很难协

---

① 江亿，等. 关于全面推广工业废（余）热采暖，大幅缓解北方地区冬季雾霾问题的建议 [Z]. 中国工程院，2014.

调；承担余热供暖的企业，作为后来者，往往需要与当地传统供热公司进行竞争或者合作，可大多传统供热公司并不愿意打破已有格局，更不会白白让出自己手上的用户；建设成本高，承担余热供暖的企业除热源本身外，还承担着配套设备、管网等采购和建设工作，据调研了解，真正用于余热回收及储热的投资只占总投资的 25%～30%，更多成本在于配套建设；改变传统的城镇供热节能思路，需要创新供热模式，但目前缺乏基于低品位热源的供热规划，也缺乏客观反映供热成本的定价机制；技术支撑也有待强化，包括单个余热热源的采集方法、多个余热热源之间的整合与热量的输配，以及工业余热系统的运行调节等，以促进工业生产企业与集中供热系统的有机结合。

5.3.3　提高建筑终端电气化水平

电力是高品质的能源，在建筑终端能源使用中提高电力消费占比，减少其他化石能源的直接燃烧，有助于减少建筑运行使用阶段的直接碳排放。而且，随着未来电力供应电源结构的优化，更多的电力来自可再生能源、核电，既可减少单位电力生产的碳排放因子，也有利于减少建筑因为电力消耗产生的间接排放。

电气化水平通常是衡量一个国家经济社会发展水平的重要指标。随着人均 GDP 的增加，人们活动的范围得到扩大，用电需求将不断增加，终端用能电气化随着经济增长而提高已是经济发展的普遍规律。自 2005 年以来，我国电力需求增长整体高于能源需求总量增速，电气化率稳步从 2006 年的 15.7% 提升至 2018 年的 21%。但从人均用电量来看，我国与发达国家差距依然明显，主要发达国家人均年用电量基本为 7000～12000 千瓦时，而 2018 年我国人均年用电量接近 5000 千瓦时，未来增长的潜力巨大。而且，我国的用电结构偏重生产领域、偏重工业部门，根据国际能源署的研究统计，2012 年，我国居民生活人均电力消费仅为美国和日本的 1/10 和 1/5；商业和公共机构人均电力消费差距更为明显，仅为美国和日本的 1/23 和 2/15。由此可见，建筑领域提高电气化水平的空间还很大。

提高电气化水平，重点是提高电力消费在采暖、热水、炊事等能源消费中的占比，替代燃煤、天然气，鼓励推广空气源热泵、节能型电磁炉、节能型电厨宝等产品。

在提高建筑终端用能电气化水平的同时，还可以通过电力需求侧响应，参与电力系统削峰填谷，将有助于消纳更多风电、太阳能发电等清洁电力，从而间接带来减排效果。例如，京津冀地区农村每年冬季采暖燃烧散煤 1800 万吨，是造成冬季严重雾霾现象的主要原因之一，若推广空气源热泵代替燃煤土暖气，可在实现农宅采暖清洁化的同时为电力削峰填谷。这主要是利用建筑物本身的热惯性储能，在利用电力供暖的同时为电力系统削峰填谷，即在风电充裕而电力负荷低谷时，用电力驱动空气源热泵供暖；在风电不足而电力负荷达到高峰时，停止电力供暖，利用建筑物本身的热惯性维持室内热环境状况，这样把建筑物巨大的热惯性作为海量储能体，平衡风电与电力负荷需求间的不匹配问题。

5.4 建设模式转变减排机会分析

5.4.1 控制建筑面积总量规模

就建筑建造阶段、建筑运行阶段的碳排放而言，建筑面积是重要影响因素，建筑面积增长与城镇化发展模式、城乡规划、生活方式等密切相关，由于我国受能源资源环境的制约越来越严峻，对建筑面积活动水平应进行合理引导，既要满足社会经济发展和人民生活水平提高的需要，又要避免浪费，这对建筑行业节能减排意义重大。

城镇化发展、人口、收入水平、服务业发展是驱动建筑面积增长的主要因素，近年来，我国每年新建建筑面积超过 30 亿平方米，人均居住建筑面积有了大幅改善，但城镇化快速推进的阶段尚没有结束，要达到发达国家城镇化率水平，还需要 15~20 年的时间。2013 年，全国户均套数达 1.06 套[①]，标志着我国城镇住房市场已跨越绝对短缺阶段，进入过渡阶段，未来房屋供给将从满足新增住房的刚性需求调整成为满足改善性住房需求。与城镇化水平较高、可利用土地状况与我国类似的发达国家比较，我国人均住房面积与欧洲有近 10 平方米的差距，与韩国的住房水平大致相当。而我国的人均 GDP 远低于这些国家同期的人

---

① 江亿，林立省. 建筑领域尽早实现碳排放峰值的可行性和路径研究 [Z]. 2017.

均 GDP 水平，说明我国住房发展水平相比经济发展水平有所超前。而且，我国为数不少的建筑处于空置状态，根据西南财经大学中国家庭金融调查与研究中心的抽样调查结果，2013 年我国城镇地区自有住房整体空置率达 22.4%，一线、二线、三线城市分别为 21.2%、21.8% 和 23.2%，造成巨大资源浪费。同时，不少地区对城市发展判断存在过高预期，对未来人口规模规划不切实际，各地预计的人口合计远超全国总人口数据，对房屋建设需求存在过度规划情况，导致建筑规模盲目扩张。

控制建筑面积总量规模的实施主体包括政府、规划设计单位、房地产商等。

发展紧凑型城市有利于节约资源、减少排放。我国城镇化是在人口多、资源相对短缺、生态环境比较脆弱、城乡区域发展不平衡的背景下推进的，必须遵循城镇化发展规律，走以人为本、四化同步、优化布局、生态文明、文化传承的中国新型城镇化道路，以全面提高城镇化质量，以人的城镇化为核心，有序推进农业人口市民化，避免一些城市"摊大饼"式扩张。大城市的居民家庭相对中小城市居民家庭而言，人均建筑面积较小、户均能耗强度较大、单位建筑面积能耗强度较大，在同样的居住建筑面积下，大城市的居民家庭往往要消耗更多的能源、排放更多的二氧化碳，因此人口不应都集中到大城市，大、中、小城市和小城镇应协调发展，并选择集中紧凑型的城市发展模式。

合理规划建设规模，抑制房屋过度建设导致的资源浪费。近年来，由于缺乏对城镇规模的合理规划，每年新建筑面积不断攀升，长此以往，未来建筑面积将大大超过改善居民居住和工作环境的实际需要。需要以"一体化设计"理念指导城乡规划，提高规划的科学性，并通过规划控制和引导新增建筑总量规模，从而节省资源和减少温室气体排放。同时，应强化城市建设规划的权威性，减少大规划变动造成的"大拆大建"现象，尽量使得建筑使用到寿命期再拆除。此外，要提高建筑本身的建造质量，延长使用寿命，从而减少对新增建筑面积的需求。对于城镇住宅建筑，可根据当前城镇人口规模和增长速度，依据人均住宅建筑面积控制目标，逐步明确该地区城镇居住建筑的总体规模，并限制房地产开发商建造大户型、超大户型的住房数量，鼓励开发小户型住房。对于公共建筑，应根据地方各类公共建筑的实际发展情况引导其合理建设，商场建筑建设规模应考虑未来网络购物等新业态的发展态势，不应建设过度；医院、学校、文体场馆等保障居民医疗、教育、社会活动的场所，应鼓励适当增加建设规模，有利于提高社会公共服务水平和居民生活幸福感。由于大型公共建筑的单位面积能耗强度往往是普通公共建筑单位面积能耗强度的 2~3 倍，因此应限制大型公共建筑在公共建筑中的占比。

倡导绿色生活方式，引导住房合理消费。生活方式是影响消费领域能耗的主要因素，我国城乡居民的人均居住建筑面积同欧洲国家、美国等发达国家水平比还存在一定差距，随着生活水平的提升，人均居住建筑面积还将继续上升，需要引导居民的住房改善需求以提高居住质量为主，而不是片面追求居民面积扩张，尽量提高既有建筑的利用率，完善房屋租赁市场，减少房屋空置浪费，降低新建房屋的需求。

5.4.2　发展装配式建筑

装配式建筑是指用预制部品部件在工地装配而成的建筑，需要预先在工厂以工业化流水作业形式生产钢筋混凝土构件，如柱、梁、墙、楼板、楼梯、阳台、女儿墙等，并将成品构件运输到建设现场进行装配式施工，要求的技术配套和集成度高，但可大幅降低劳动强度，加快施工速度，节省资源，提升建筑品质。装配式建筑是建筑工业化的典型形式，建筑工业化就是采用大工业生产的方式建造建筑，是把建筑生产方式由分散、落后的手工业生产方式逐步过渡到以现代技术为基础的大工业生产方式的过程，是建筑业生产方式的变革，核心是技术创新和管理创新，是提高建筑建造阶段能源资源利用效率、减少排放的有效途径。

发展装配式建筑的实施主体包括政府、房地产商、设计单位、施工单位等。

装配式建筑就建筑行业减排而言，一方面，通过提高建筑质量改善建筑围护结构性能，从而减少建筑有用能负荷，并延长建筑使用寿命，从而降低新建建筑需求，带来能源资源节约、二氧化碳减排的效果；另一方面，可以节省高耗能建材的消耗，从而减少工业部门建材生产的能耗和排放。

国内外已有装配式建筑的实践案例显示，装配式建筑的寿命要比传统方式建造的普通建筑寿命高 10~15 年；节约建材 20%；减少建筑废弃物 80%；在提高建筑质量的同时可大大加快施工速度。例如，湖南湘阴一个 30 层高的酒店大楼在现场仅用 15 天就可装配完工，而且平均建造成本比国内同地区同类建筑成本降低 30%[1]。

根据相关研究，假设我国城镇新建建筑自 2010 年开始逐步推行建筑工业化，到 2050 年城镇新建建筑全部是装配式建筑，而且到 2050 年我国人均建筑面积基本达到当前发达国家人均建筑面积中的较低水平，那么，2010—2050 年由于装配式建筑延长了建筑寿命可累计减少城镇新建建筑面积约 34 亿平方米[2]，从而大幅减少了钢材、水泥等建材需求，也相应减少了二氧化碳的排放。

---

[1] [2]　张建国，谷立静. 重塑能源：中国 面向 2050 年能源消费和生产革命路线图（建筑卷）[M]. 北京：中国科学技术出版社，2017.

近几年，我国各级政府越来越重视装配式建筑的发展。全国已设立了50多个国家级住宅产业化基地，实施了200多个国家康居示范小区；出台了国标《工业化建筑评价标准》（GB/T 51129—2015）；根据初步调查统计，2015年全国装配式建筑约达3500万平方米。为了推进装配式建筑全面发展，2017年国家出台了《"十三五"装配式建筑行动方案》，明确了工作目标，要求到2020年，全国装配式建筑占新建建筑的比例达到15%以上，其中，重点推进地区达到20%以上，积极推进地区达到15%以上，鼓励推进地区达到10%以上；鼓励各地制定更高的发展目标。到2020年，培育50个以上装配式建筑示范城市，200个以上装配式建筑产业基地，500个以上装配式建筑示范工程，建设30个以上装配式建筑科技创新基地，充分发挥示范引领和带动作用。该方案还从规划、标准、技术、设计、产业配套、工程承包、建筑全装修、绿色发展等方面明确了重点任务，其中，推进建筑全装修就是推行装配式建筑全装修成品交房，要求推行装配式建筑全装修与主体结构、机电设备一体化设计和协同施工；全装修要提供大空间灵活分隔及不同档次和风格的菜单式装修方案，满足消费者个性化需求。

目前，我国推行建筑工业化、发展装配式建筑仍面临一些问题和挑战。一是现行的建筑技术标准、规范与建筑工业化技术要求缺乏兼容性，现行的管理体制大部分适用于传统建造方式，缺乏适应建筑工业化发展的政府监管机制。二是设计、生产、施工环节脱节，工期、成本增加，具体表现在：没有推行建筑、结构、机电、装修一体化设计、生产、施工的工程总承包（EPC）的管理模式，对管理创新重视不够；没有形成预制构件设计的技术产品体系及其工法，而是将传统现浇建筑"拆分"成构件来生产加工，在同一工程上预制与现浇并存；建筑产品的模块模数设计标准化程度不高，构件不具备标准化流水线生产条件，发挥不了生产线自动化、规模化生产的优势；由龙头企业以建筑产品带动建筑部品部件、构配件等相关产业一体发展的产业链尚未形成，产业各方、各专业难以有效协同，等等。

推行建筑工业化需要坚持标准化设计、工厂化生产、装配化施工、结构机电一体化装修、信息化管理、智能化应用的原则，即以定型设计为基础的建筑设计标准化，以工厂制作为前提的部品生产工厂化，以建造工法为核心的现场施工装配化，以建筑设计为前提的结构装修一体化，以信息技术为手段的过程管理信息化。鼓励有条件地区，因地制宜地发展装配式混凝土结构、钢结构和现代木结构等装配式建筑，并要健全标准规范体系、创新装配式建筑设计、优化部品部件生产、提升装配施工水平、推进建筑全装修、推广绿色建材及推行工程总承包等，促进我国建筑产业转型升级。

5.4.3　推广应用绿色建材

绿色建材是在全寿命期内可减少对资源的消耗、减轻对生态环境的影响，具有节能、减排、安全、健康、便利和可循环特征的建材产品。例如，高性能混凝土、高强钢、低辐射镀膜玻璃、断桥隔热门窗等建材。指采用清洁生产技术，少用天然资源和能源，大量使用工业或城市固态废物生产的无毒害、无污染、无放射性、有利于环境保护和人体健康的建筑材料。绿色建材应满足生产制造过程中的节能减排要求，并贯穿于建筑的全寿命期。绿色建材是绿色建筑的重要物质基础，是建造绿色建筑不可缺少的重要材料，发展绿色建材就是推进建材产品的绿色化。目前，我国建筑业中绿色建材应用的范围较小、比例较低，据专家估算，目前绿色建材约占所用建材总量的 10%，产业规模仅 3500 亿元左右，未来推广应用空间很大。

推广绿色建材的实施主体包括政府、房地产开发商、建材供应商等。

建筑建造阶段的碳排放主要来自所消耗建材的碳排放，与建筑物的建材消耗量和单位建材生产的二氧化碳排放因子密切相关，减少单位建筑面积的建材消耗量，如采用高性能的钢筋、水泥替代传统的钢筋、水泥，在满足同样性能要求前提下，可以减少钢筋、水泥的消耗量，从而减少所耗建材产生的碳排放，或者采用含碳低的建材替代含碳高的建材，采用绿色建材替代普通的建材，提高含碳低的建材在所需建材总量中的占比，如采用木材替代混凝土的木结构建筑，因为单位建材生产的二氧化碳排放因子相对较低，从而也可以减少所耗建材产生的碳排放。

根据相关研究，三种结构类型的建筑（木结构、钢结构、混凝土结构）在建筑全寿命期内的能源消耗比较[①]如图 5-4 所示，木结构在所用材料的含能、全寿命期的能源消耗方面都比钢结构、混凝土结构建筑少，其对应的碳排放也较低。根据有关木结构建筑与混凝土结构建筑的全寿命期碳排放比较研究[②]，针对建筑面积约 600 平方米的 4 层办公建筑（建筑设计使用寿命 70 年、建设期 1.5 年），在 70 年使用期内，木结构建筑每年单位建筑面积碳排放约为 21 千克，比混凝土结构建筑降低约 9 千克，降低约 30%，而且从建筑建造阶段的碳排放占全寿命期碳排放总量比例来看，木结构建筑约为 13%、混凝土结构建筑约为 21%。而且，许多研究成果表明，木结构建筑在建造和使用阶段具有成本优势，例如，在美国南加利福尼亚州，木结构住宅比相同的钢结构住宅节省 14% 的施工成本；即使在像中国台湾这样木结构建筑技术还相对较新的地区，当地的设计专业人员从他们的实际经验中得出结论，木结构

---

① 北京工业大学环境材料学院，2009 年。

② 中国建筑科学研究院，加拿大木业协会. 天津悦海酒店公寓木结构建筑和混凝土结构建筑对比研究 [Z]. 2014.

建筑比混凝土结构建筑节省约 10% 的成本，木结构屋顶比混凝土屋顶成本低①。我国各种类型的木结构建筑，如商业、休闲娱乐和住宅建筑更具成本优势，尤其是对建筑物的节能性能和抗震安全要求较高时，木结构建筑的成本优势更为突出。可见，在条件许可的地方，选择保温性能好、具有生态可持续性的木结构建筑是减少建筑业碳排放的途径之一。

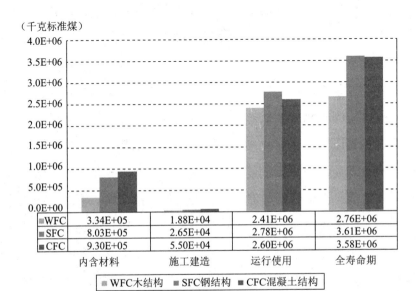

（千克标准煤）

	内含材料	施工建造	运行使用	全寿命期
WFC	3.34E+05	1.88E+04	2.41E+06	2.76E+06
SFC	8.03E+05	2.65E+04	2.78E+06	3.61E+06
CFC	9.30E+05	5.50E+04	2.60E+06	3.58E+06

WFC木结构　　SFC钢结构　　CFC混凝土结构

图 5-4　三种类型建筑全寿命期的能源消耗比较

房地产开发商在建筑建造阶段有机会选用绿色建材替代传统的高含能建材，从而达到减少温室气体排放的效果。2019 年 4 月，住房和城乡建设部发布了国家标准《建筑碳排放计算标准》(GB/T 51366—2019)，自 2019 年 12 月 1 日起实施。该标准中的"建材碳排放因子"附表，列举了普通硅酸盐水泥、混凝土、平板玻璃、石膏、乙烯、铝板带、钢材、断桥铝合金窗、铝木复合窗等各类建材的碳排放因子，可供选择建材时

① 加拿大木业协会. 现代木结构建筑在中国——可持续建筑发展战略［Z］.

参考。推广应用绿色建材，需要因地制宜，结合当地气候特点和资源禀赋，鼓励应用安全耐久、节能环保、施工便利的绿色建材。应引导发展高性能混凝土、高强钢，提高标准抗压强度 60 兆帕以上的混凝土用量占比，提高屈服强度 400 兆帕以上的热轧带肋钢筋用量占比，并在资源条件适宜地区，鼓励发展木结构建筑。

第6章

中国建筑行业温室气体减排的政策建议

为了推动我国建筑行业温室气体减排机会的有效实施，本章针对国家及建筑行业温室气体减排的相关主体提出了政策措施建议，从识别减排主要路径、完善建筑节能标准体系、推广被动式超低能耗建筑、开展既有建筑深度节能改造、提高建筑用能系统和设备效率、优化建筑用能结构、转变城乡建设模式等方面提出了具体实施措施。

6.1　识别建筑行业温室气体减排主要路径

　　建筑建造、使用和拆除过程中对能源和资源的消耗及固定废弃物的处理都会产生温室气体排放，因此建筑行业的温室气体减排应从建筑全寿命期进行考虑。从建筑全寿命期各环节的能耗和二氧化碳排放占比来看，建筑建造阶段约为20%、建筑运行使用阶段接近80%，可见，建筑建造阶段、建筑运行使用阶段应是建筑行业温室气体减排关注的重点环节。建筑建造阶段的碳排放主要来源于所要消耗的建材生产过程产生的碳排放，所以减少建筑建设面积、减少单位建筑面积的建材消耗量（如发展装配式建筑，采用高强钢、高性能混凝土等）、减少单位建材生产的二氧化碳排放因子是其减排的主要路径。建筑运行使用阶段的碳排放主要来源于运行所消耗能源产生的排放，减少建筑活动水平（如减少建筑总面积）、提高能源利用效率（如提高建筑节能设计标准、提高建筑用能系统和设备的能源效率等）、优化建筑用能结构（如可再生能源建筑应用、工业余热利用等）是其减排的主要路径。

从全国范围看，目前全国每年建筑建造阶段的碳排放占当年全国温室气体排放量的比例要比建筑运行使用的碳排放占比高，这与我国城镇化发展阶段有关，随着未来建筑建设规模的逐渐减少，全国建筑建造阶段的碳排放占比也将相应减少，而建筑运行使用阶段的碳排放占比将随着存量建筑保有量的增加而增加。从减排的优先顺序看，建筑建造和运行使用阶段都要抓，对新建建筑首先要抓住建筑建造阶段的减排机会，一方面通过发展装配式建筑、采用绿色建材等措施减少建造阶段本身的碳排放，另一方面通过严格执行建筑节能设计标准、推广超低能耗建筑，避免建筑能耗"锁定效应"，从而也有助于减少建筑运行使用阶段的碳排放。对既有建筑重点要抓好建筑节能改造和运行维护，提高建筑用能系统和设备效率，推广应用高效热泵、LED 照明等节能产品，尤其对北方采暖地区，应优先做好建筑节能保温改造，并推进工业低品位余热用于清洁供暖；对于公共建筑，重点要优化能源系统的运行维护。规模化推广可再生能源建筑应用，以及提高电气化水平消纳更多新能源电力，都可减少建筑部门的碳排放，随着未来我国电源结构进一步清洁化，提高电气化水平带来的碳减排效益将更加凸显。建筑部门节能减排的技术较多，实际应用中往往需要多种技术组合才能达到效果，如超低能耗建筑、既有建筑深度节能改造等。此外，建筑行业的节能减排也需要工业、电力部门的协同，工业部门通过技术进步减少水泥、钢材等单位建材生产的二氧化碳排放因子，提供含碳低的高性能建材，电力部门提供更加清洁的电力，从而可以间接地减少建筑行业的碳排放。

6.2 完善建筑节能标准体系

从国际经验来看，制定和实施建筑节能标准是建筑节能减排最重要的政策工具。尽管我国各气候区的公共建筑和城镇居住建筑都有强制性的建筑节能设计标准，农村居住建筑也有推荐性的建筑节能设计标准，但现行的建筑节能设计标准主要是对建筑物围护结构传热系数及内部系统设备能效水平进行限定，只是提出了能效限制的最低要求，而没有对整体建筑用能性能提出要求。发达国家的建筑节能设计标准通常是以限定建筑物整体用能指标为主。而且，我国现行的建筑节能设计标准要求的能效水平同发达国家比较还有不小差距，如 2015 年新修订实施的《公共建筑节能设计标准》（GB 50189—2014），标准修订后比修订前单位建筑面积终端能源消耗强度要求下降了 25%，幅度可谓不小，然而仍比美国公共建筑节能标准（ASHRAE 90.1—2013）要求的终端能源强度水平高 20% 以上。我国需要尽快实施更加严格的建筑节能设计标准，并从规定性指标过渡到建筑总能耗指标，明确各类建筑的能耗定额标准，给出各类建筑用能的约束值，鼓励地方因地制宜地制定和实施高于国家标准要求的地方建筑节能标准。同时，建立法律依据以便定期更新建筑节能设计标准，国家按照透明的时间表更新建筑标准，确保全部市场参与者了解最新的要求，以便利益相关者做出前瞻性的安排，顺应更加严格的建筑节能设计标准要求。

6.3 推广被动式超低能耗建筑

被动式超低能耗建筑可以显著降低建筑终端能耗，尤其可以显著降低北方寒冷地区建筑的采暖能耗，大规模推广可以显著减少建筑能源消费和二氧化碳排放。我国应尽早明确推广被动式超低能耗建筑的国家战略目标，制定具体实施的路线图，并从易到难，从超低能耗建筑到近零能耗建筑、零能耗建筑，不断深化推进。完善被动式超低能耗建筑的标准体系，在总结试点示范项目基础上，建立各气候区的被动式超低能耗建筑标准、规范和施工工法等。强化技术产业支撑，研究优化被动式超低能耗建筑系统设计、施工和质量控制办法，开发真空隔热板、双层Low-E玻璃、可光控玻璃窗户、空气密封产品等材料和部件，鼓励绿色建材、高效用能设备等产业发展。开展宣传培训，普及"一体化设计"理念和被动式超低能耗建筑设计方法，提高建筑利益相关者对建筑能效提升潜力、方法、收益的认识；加强对被动式超低能耗建筑施工人员培训，明确施工资质要求，培养训练有素的超低能耗建筑施工队伍。

6.4　开展既有建筑深度节能改造

不同气候区、不同建筑类型的节能改造侧重点不同，采用的技术方案也有所区别。对北方城镇居住建筑，以建筑围护结构、供热计量、管网热平衡改造为重点；对公共建筑，以采暖空调通风、照明、热水、电梯等用能系统的节能改造和优化运行为主；对夏热冬暖、夏热冬冷气候区的居住建筑，以建筑门窗、外遮阳、自然通风为改造重点，对夏热冬冷地区建筑围护结构节能改造需要平衡冬季采暖、夏季制冷、过渡季通风散热对围护结构保温隔热性能的不同要求，确定适宜的节能改造技术策略。对数据中心，应充分利用自然通风，降低空调制冷的能耗。

我国非节能建筑量大面广，政府应设立既有建筑节能改造的目标，并在信息公开、融资、机制创新等方面对既有建筑节能改造项目提供支持。建立和完善建筑能耗数据信息发布制度，利用大数据、物联网、云计算等信息技术，整合政府数据、社会数据、互联网数据资源，实现数据信息的收集、处理、传输、存储和数据库的现代化，深化大数据关联分析、融合利用，大幅提高建筑能耗信息的透明度，让业主、租户或中介机构及时了解建筑的相对能效水平，帮助人们更好地决策，也为节能服务公司或其他机构提供建筑能效提升的机会；出台财政金融激励政策，帮助既有建筑节能改造项目克服经济障碍；创新机制，发现高能效建筑的市场价值。

对有较大改造价值的建筑开展深度节能改造，并统筹考虑既有建筑多功能改造和性能提升问题，可以结合城镇老旧小区的综合改造推进建筑节能改造，深度挖掘既有建筑节能减排潜力，以建筑外墙保温、高性能隔热外窗、房屋气密性改造、高效热回收新风系统等为重点，以"一体化设计"为理念，优先采用自然采光、自然通风等被动式节能技术，优化主动式节能技术，选择典型城市的不同建筑类型开展深度节能改造试点，探索适宜的改造模式和技术路线，及时总结试点经验，并在其他适宜地区推广。

6.5 提高建筑用能系统和设备效率

重视选择合理的建筑用能方式，并优化建筑用能系统运行，鼓励发展智能系统，将信息技术与建筑用能系统的管理有机结合起来，使建筑用能系统能根据建筑环境的变化自动调节、优化运行。

政府要提高家电设备最低能效标准要求，扩大能效标识产品覆盖范围，淘汰低效的家电产品，并定期开展评估，不断提高最低能效标准要求，逐步达到国际最佳能效水平。实行能效标准"领跑者"制度，确定接近世界级家电能效水平的一系列里程碑，向家电和建筑用能设备制造商发出信号，鼓励他们提前研发、制造能效更高的产品。开展直流式家电产品的研发、示范。同时，创造条件，让公众及时了解高效家电产品和设备能效提升的路线图，并提供更多融资服务，鼓励消费者购买更高效的节能家电产品和用能设备。

除提升传统家电产品能效标准要求外，还应关注新增小家电产品的能效、待机能耗等问题，应加强能源管理，降低联网设备能耗。

加快淘汰白炽灯，大力推广应用 LED、OLED 高效照明产品。

6.6　优化建筑用能结构

优化建筑终端用能结构、加强可再生能源建筑应用、充分利用低品位工业余热资源、提高电气化水平等，可以减少常规化石能源消耗，是降低建筑行业二氧化碳排放的重要措施。

推动规模化的可再生能源建筑应用，提高太阳能供热系统的普及率，在大中型城市，鼓励有热水需求的公共建筑优先使用太阳能热水系统；在小城镇和农村地区，推广应用户用太阳能热水系统。推广多种形式的生物质供热，根据各地生物质资源和热力市场需求选择生物质供热的方式，在生物质资源条件较好、热力用户较为集中地区，可建设大型生物质锅炉替代原有的分散燃煤锅炉，并配套建设热力局域网，实现区域集中供暖；对分散热力用户可推广使用生物质成型燃料锅炉替代燃煤锅炉；对农村地区，鼓励采用秸秆固化成型和高效清洁炉具技术，改变传统秸秆燃烧利用方式。推广地热能开发利用，在资源条件适宜地区，积极发展再生水源热泵（含生活污水、工业废水等）、中深层地热能供热以及土壤源、地表水源热泵，适度发展地下水热泵；在地热能资源丰富、建筑条件优越、建筑用能需求旺盛的地区，规模化推广利用地热能。在农村地区，积极采用太阳能、生物质能等可再生能源解决农房采暖、炊事、生活热水等用能需求。为推动可再生能源建筑应用，国家还应进一步完善可再生能源建筑应用的相关规划设计、技术标准体系；支持关键技术的研发，如高效换热、蓄热系统、太阳能中高温集热技术、地热尾水回灌和水处理技术等，开展多种能源互补集成技术的研发示范，提高常规能源系统对可再生能源的接纳能力。

推动工业低品位余热用于北方地区清洁供暖。科学分析北方供暖地区工业余热供热潜力，将工业余热作为供热热源纳入地方的供热规划，并创新供热模式，建立以热电联产和工业余热承担供热基荷，以燃气锅炉负责调峰，以各种热泵采暖及其他高效分散供热方式辅助的供热新模式。改革热源与热网之间的热费计价机制，调动各方积极性。例如，调整热源单位和供热管网单位的结算机制，鼓励热源和供热管网单位共同努力降低回水温度、深度回收低品位工业余热。大力发展低品位余热供热的相关技术和设施，包括吸收式热泵、大规模工业余热远距离输配、余热系统优化调节等。

提高电气化水平，尤其在农村地区，尽量减少煤炭在建筑终端能源消费中的比例。需要完善电力供应基础设施建设，提升电力系统服务水平，建立电力需求侧响应机制，并改革完善电价形成机制，形成有利于电能替代的能源价格体系。

6.7　转变城乡建设模式

加强城乡规划，合理控制建筑面积总量规模，抑制房屋的过度建设。在城乡规划中落实低碳理念和要求，优化城市功能和空间布局，科学划定城市开发边界，探索集约、智能、绿色、低碳的新型城镇化模式。农村建筑发展，不能盲目照搬城镇模式。实施全国建筑面积总量控制，明确提出不同时期全国城镇建筑面积总量，并在充分考虑地方实际的基础上，对不同省份提出差别化的建筑面积总量控制要求，有些地区甚至可以考虑减量发展；地方政府应根据当地经济社会发展实际需要合理确定不同时期建筑面积发展目标，并与国家总体目标相衔接。同时，应强化规划的权威性，维护规划的严肃性，禁止随意更改规划，并定期对规划实施情况进行监督和评估，尽可能杜绝违反规划要求的建筑物建设。提高基础设施和建筑质量，建立建筑拆除审批制度，减少"大拆大建"造成的资源浪费和温室气体排放。鼓励房地产开发商开发建设小户型的住宅，控制大型公共建筑在公共建筑中的比重。建立健全房屋租赁制度，盘活空置房屋，降低新建住房的市场需求。

推行建筑工业化，发展装配式建筑。按照标准化设计、工厂化生产、装配化施工、一体化装修、信息化管理、智能化应用的原则，因地制宜发展装配式混凝土结构、钢结构和现代木结构等装配式建筑，并在传统预制装配式建筑的基础上，将节能减排、低碳环保、绿色施工等技术创新融入建筑工程的建造实践中，在不降低结构安全性的前提下优化建筑性能和功能，实现绿色施工。鼓励建筑全装修，积极推广标准化、集成化、模块化的装修模式，促进整体厨卫、轻质隔墙等材料、产品和设备管线集成化技术的应用，提高装配化装修水平。国家要逐步建立完善覆盖设计、生产、施工和使用维护全过程的装配式建筑标准规范体系；建立健全装配式建筑相关法律法规体系。地方政府可结合实际出台支持装配式建筑发展的规划审批、土地供应、基础设施配套、财政金融等相关政策措施，如在土地供应中，可将发展装配式建筑的相关要求纳入供地方案，并落实到土地使用合同中。鼓励有条件地区开展用预制装配式的方式建造被动式超低能耗建筑的试点示范。

大力发展绿色建材，规范并完善现有绿色建材的生产和应用标准，建立绿色建材认证制度，编制绿色建材产品技术目录，引导市场消费行为，提高绿色建材在建筑中的应用比例。

附 录

附录1 建筑行业温室气体减排机会记录

附表1 建筑行业温室气体减排机会记录

事 项	内 容	
1. 确定减排主体	明确承担减排责任的主体	
2. 确定减排对象	A. 减排对象性质	
	B. 减排边界划定	
	C. 关键参数	
3. 与目标水平（先进案例或理论水平）比较	A. 能源利用与碳排放现状	
	B. 与目标水平对照	
	C. 识别改进机会	
	D. 预估减排潜力	
4. 落实减排机会	A. 技术经济可行性研究	
	B. 方案设计	
	C. 方案执行	
5. 评估减排效果	A. 减排效果评价	
	B. 经验总结	
	C. 意见反馈	

附录2　中国建筑行业节能低碳重点技术展望

　　落实建筑行业减排机会，需要技术支撑，关键是因地制宜地选择适宜的技术，可以是单一技术，也可以是多个技术的集成应用，并鼓励技术创新。建筑节能低碳技术重点要关注围护结构保温、高效用能系统和设备、可再生能源建筑应用、绿色施工等方面。根据国家发布的《国家重点节能低碳技术推广目录》（2016年本，节能部分）、《国家重点节能低碳技术推广目录》（2017年本，低碳部分），选择部分适用于建筑行业的节能低碳重点推广技术，供建筑行业实施减排机会时参考。

附表2　建筑行业重点节能低碳技术

序号	技术名称	适用范围	目前推广比例（%）	未来5年在行业内推广潜力（%）	预计二氧化碳减排能力（万吨二氧化碳/年）
1	地源热泵技术	采暖制冷	10	50	207
2	水源热泵技术	采暖制冷	40	70	184
3	空气源热泵技术	采暖制冷、热水	40	60	235
4	热电协同集中供热技术	集中供热	2	15	317
5	夹芯复合轻型建筑结构体系节能技术	建筑围护结构	<1	10	264

序号	技术名称	适用范围	目前推广比例（%）	未来5年在行业内推广潜力（%）	预计二氧化碳减排能力（万吨二氧化碳/年）
6	节能型合成树脂幕墙装饰系统技术	建筑墙体装饰	3	10	343
7	水性高效隔热保温涂料节能技术	建筑保温	<1	2	45
8	温湿度独立调节系统技术	空调制冷系统	<1	5	462
9	中央空调全自动清洗节能系统	中央空调系统	<1	5	528
10	动态冰蓄冷技术	中央空调系统	<1	5	400
11	高效水蓄能中央空调技术	中央空调系统	1	6	50
12	基于相变储热的多热源互补清洁供热技术	可再生能源和低品位工业余热利用	<1	5	400
13	过程能耗管控系统技术	能源监测和管控	1	10	343
14	蒸汽节能输送技术	热力管网输送	2	20	739
15	墙体用超薄绝热保温板技术	墙体保温	8	20	647
16	磁悬浮变频离心式中央空调机组技术	中央空调系统	<1	10	102
17	分布式能源冷热电联供技术集成	区域冷热电供应	<1	10	238
18	分布式水泵供热系统技术	供热	2	5	275
19	基于冷却塔群变流量控制的模块化中央空调节能技术	中央空调系统	<1	1	66
20	低辐射玻璃隔热膜及隔热夹胶玻璃节能技术	墙体、门窗	<1	10	55
21	溴化锂吸收式冷凝热回收技术	采暖制冷	5	20	42

续　表

序号	技术名称	适用范围	目前推广比例（%）	未来5年在行业内推广潜力（%）	预计二氧化碳减排能力（万吨二氧化碳/年）
22	单井循环换热地能采集技术	地热能采暖	4	20	792
23	浅层地（热）能同井回灌技术及装置	地热能采暖	4	20	792
24	智能热网监控及运行优化技术	热力管网运行	3	5	48
25	燃气锅炉烟气余热回收利用技术之一：宽通道双级换热燃气锅炉烟气余热回收技术	余热回收利用	5	20	23
26	燃气锅炉烟气余热利用技术之二：烟气源热泵供热节能技术	余热回收利用	<1	3	24
27	燃气锅炉烟气余热回收利用技术之三：喷淋吸收式烟气余热回收利用技术	余热回收利用	<1	10	554
28	建筑节能智能控制技术之一：建筑（群落）能源动态管控优化系统技术	楼宇自控	<1	10	317
29	建筑节能智能控制技术之二：基于实际运行数据的冷热源设备智能优化控制技术	楼宇自控	1	10	84

序号	技术名称	适用范围	目前推广比例（%）	未来5年在行业内推广潜力（%）	预计二氧化碳减排能力（万吨二氧化碳/年）
30	建筑节能智能控制技术之三：基于人体热源的室内智能控制节能技术	楼宇自控	<1	10	375
31	基于喷射式高效节能热交换装置的供热技术	集中供热	<1	5	390
32	基于全焊接高效换热器的撬装换热站技术	集中供热	1	5	220
33	冷库围护结构一体化节能技术	冷库围护结构	<1	10	70
34	胶条密封推拉窗技术	门窗密封	<1	10	48
35	预制直埋保温管保温处理工艺技术	区域供热、供冷管网保温	<1	5	290
36	新型智能太阳能热水地暖技术	太阳能采暖	<1	5	130
37	高性能竹基纤维复合材料（重组竹）制造技术	木结构建筑、室内外装潢装饰材料	<1	10	100
38	建筑垃圾再生产品制备混凝土技术	预拌混凝土	1	10	600
39	一体化轻质混凝土内墙施工技术	内墙施工	<1	10	470

注：推广潜力是指5年后技术应用达到的普及率；预计二氧化碳减排能力是指第5年末应用本项技术在全国范围内形成总的年减排量。